职业教育系列教材·城市轨道交通类

城市轨道交通供电系统

谢 芸 王晓蒙 高志宝 主编

中国建材工业出版社

图书在版编目（CIP）数据

城市轨道交通供电系统/谢芸，王晓蒙，高志宝主编．－－北京：中国建材工业出版社，2021.8
职业教育系列教材．城市轨道交通类
ISBN 978-7-5160-3200-8

Ⅰ.①城… Ⅱ.①谢…②王…③高… Ⅲ.①城市铁路—供电管理—职业教育—教材 Ⅳ.①U239.5

中国版本图书馆 CIP 数据核字（2021）第 074252 号

内 容 提 要

本书全面介绍了城市轨道交通供电系统的各个子系统。按照城市轨道交通供电的电流大体走向的顺序，共分 7 个学习项目：城市轨道交通供电系统概述，外部供电系统，牵引变电所的主要电气设备，变电所的电气接线，接触网，电力监控系统，城轨供电系统的安全管理制度。

本书既是职业教育城市轨道交通专业教学用书，也可作为职业技能培训教材，或供从事轨道交通运营管理及服务人员学习参考。

城市轨道交通供电系统
Chengshi Guidao Jiaotong Gongdian Xitong
谢 芸 王晓蒙 高志宝 主编

出版发行：中国建材工业出版社
地　　址：北京市海淀区三里河路 1 号
邮　　编：100044
经　　销：全国各地新华书店
印　　刷：北京鑫正大印刷有限公司
开　　本：787mm×1092mm　1/16
印　　张：10
字　　数：230 千字
版　　次：2021 年 8 月第 1 版
印　　次：2021 年 8 月第 1 次
定　　价：45.00 元

本社网址：www.jccbs.com，微信公众号：zgjcgycbs
请选用正版图书，采购、销售盗版图书属违法行为
版权专有，盗版必究。本社法律顾问：北京天驰君泰律师事务所，张杰律师
举报信箱：zhangjie@tiantailaw.com　举报电话：(010) 68343948
本书如有印装质量问题，由我社市场营销部负责调换，联系电话：(010) 88386906

城市轨道交通类系列教材编委会

审定人员： 汪武芽　江西交通职业技术学院
　　　　　　张　黎　江西交通职业技术学院
　　　　　　崔志宇　黑龙江交通职业技术学院
　　　　　　王燕梅　黑龙江交通职业技术学院
　　　　　　刘柱军　黑龙江第二技师学院
　　　　　　侯德文　湖南铁道职业技术学院
　　　　　　龙　讯　重庆公共运输职业学院
　　　　　　梁晓芳　重庆公共运输职业学院
　　　　　　王金香　天津铁道职业技术学院

编写人员： 曾　毅　武汉铁路职业技术学院
　　　　　　杨旭丽　湖南都市职业学院
　　　　　　李　捷　湖南铁道职业技术学院
　　　　　　迟卓刚　齐齐哈尔技师学院
　　　　　　任　萍　河北轨道运输职业技术学院
　　　　　　李兆飞　广州铁路职业技术学院
　　　　　　谢　芸　昆明铁道职业技术学院

前　言

轨道交通很早就作为公共交通出现在城市中，而且发挥着越来越重要的作用。经济发达国家城市的交通发展历史告诉我们，只有采用大客运量的城市轨道交通系统，才能从根本上改善城市公共交通状况。目前，大力发展城市轨道交通已成共识。我国城市轨道交通事业正面临着前所未有的良好发展环境和发展机遇。初步统计，国内目前很多城市正在建造快速轨道交通工程，另外还有相当数量的大中城市正在着手进行不同类型轨道交通建设的前期筹备工作，预计在未来，城市轨道交通的建设速度将不断加快。

城市轨道交通通常以电能为动力，电能的供应和传输是城市轨道交通安全、可靠运行的重要保证，所以供电系统是城市轨道交通的大动脉，是基础能源设施。没有供电系统优质稳定的供电，就不可能有城市轨道交通的正常运行。因此，编写本书的目的就是让读者对城市轨道交通的供电系统有一个全面的了解，培养了解城市轨道交通系统主要供用电设备和运行情况、具备电器和主要设备的操作技能、具备运行维护管理和分析处理故障的应用型专门人员。

本书从城市轨道交通供电系统的构成入手，全面介绍了城市轨道交通供电系统的各个子系统。全书共分 7 个学习项目：项目一概述了城市轨道交通供电系统的功能、组成、发展，以及杂散电流认知与防护；项目二主要介绍外部供电系统对城市轨道交通供电的电源电压等级和供电方式，以及主变电所的构成和中压网络的电压等级和构成形式；项目三主要介绍了牵引变电所中主要电气设备的作用、构造、工作原理和规格型号等；项目四主要介绍了变电所电气主接线的形式，以及城市轨道交通主变电所、牵引变电所和降压变电所的电气主接线，控制、信号回路接线；项目五主要介绍了接触网的作用、特点、类型，架空接触网和第三轨的结构组成及各组成部分的作用等，还对接触网的运行和检修规程、制度做了简要介绍；项目六主要介绍了电力监控系统的结构、功能及通信原理；项目七选编了部分供电系统的运行安全管理制度。

在本书的编写过程中，编者充分考虑了职业教育的特点及职业教育院校学生的认知特点，根据实际工作岗位应知应会的技能要求，在每个项目前都设置了"知识目标""能力目标"和"问题导入"环节，旨在引导读者有针对性、有目的地学习。在每个项目之后，设有"单元复习与思考"栏目。通过"练习"复习巩固本单元所学内容，通过"想一想"利用小组讨论来实现"思考"的教学目标。

在本书编写过程中，参考了大量专业书籍和网络资源，同时也得到了一些专家学者的支持和帮助,在此一并致谢。

由于时间紧迫,编者水平有限,书中疏漏和不妥之处在所难免,真诚希望读者和专家给予批评指正。

编　者
2021 年 4 月

目　录

项目一　城市轨道交通供电系统概述 ································· 1
 任务一　城市轨道交通概述 ······································· 1
 任务二　城轨供电系统的设计原则与主要技术标准 ··················· 9
 任务三　城轨供电系统的功能和主要运行方式 ······················· 10
 任务四　城轨供电系统的组成 ····································· 13
 任务五　城轨供电系统的发展 ····································· 16
 任务六　城轨供电系统的杂散电流认知与防护 ······················· 19

项目二　外部供电系统 ··· 23
 任务一　电源概述 ··· 23
 任务二　外部供电方式 ··· 30
 任务三　主变电所 ··· 35
 任务四　中压供电网络 ··· 38

项目三　牵引变电所的主要电气设备 ·································· 42
 任务一　牵引变电所概述 ··· 42
 任务二　变换设备 ··· 43
 任务三　高压开关控制设备 ······································· 55
 任务四　保护设备 ··· 67
 任务五　成套设备 ··· 70

项目四　变电所的电气接线 ·· 74
 任务一　电气主接线形式 ··· 74
 任务二　变电所电气主接线 ······································· 78
 任务三　牵引变电所的控制、信号电路 ····························· 88

项目五　接触网 ·· 94
 任务一　接触网概述 ··· 94
 任务二　架空接触网 ··· 96
 任务三　第三轨式接触网 ··· 108
 任务四　接触网的运行管理与检修 ································· 112

项目六　电力监控系统 ………………………………………………………… 120
任务一　电力监控系统概述 ……………………………………………… 120
任务二　电力监控系统的结构 …………………………………………… 122
任务三　数据通信 ………………………………………………………… 125

项目七　城轨供电系统的安全管理制度 …………………………………… 131
任务一　概　述 …………………………………………………………… 131
任务二　供变电所安全管理 ……………………………………………… 133
任务三　接触网作业安全 ………………………………………………… 137
任务四　远动系统安全管理 ……………………………………………… 141
任务五　工务、电务维修作业安全 ……………………………………… 142

参考文献 ……………………………………………………………………… 151

项目一 城市轨道交通供电系统概述

【知识目标】

1. 了解城市轨道交通的定义、特点及类型。
2. 了解城市轨道供电系统的设计原则与主要技术标准。
3. 理解城市轨道供电系统的功能和主要运行方式。
4. 理解城市轨道交通供电系统制式的发展历程及应用现状。
5. 掌握城市轨道交通供电系统的组成及各组成部分的作用。
6. 重点掌握杂散电流形成的原因及防护措施。

【能力目标】

1. 能区分各种类型的城市轨道交通系统的特点。
2. 能画出城市轨道交通供电系统的构成图。
3. 能复述城市轨道交通供电系统采用直流供电制式的原因。
4. 能复述城市轨道交通供电系统中杂散电流产生的原因和防护措施。

【问题导入】

随着世界经济的快速发展，轨道交通受到普遍重视并迎来新的发展契机，高速铁路、城市轨道交通迅猛发展。我国新建的高速电气化铁道客运专线，包括高速磁悬浮在内的已建和在建的城市轨道交通系统，无一例外均采用电力牵引传动方式。供电系统是城市轨道交通的动力源泉，没有供电系统的可靠安全供电，就不可能有城市轨道交通的正常运行。那么，城市轨道交通供电系统有哪些组成部分？各部分的作用是什么？城市轨道交通供电系统又经历了怎样的发展历程呢？

任务一 城市轨道交通概述

一、城市轨道交通的定义和特点

轨道交通是一种独立的有轨交通系统，它提供了资源集约利用、环保舒适、安全快捷的大容量运输服务方式，能够按照设计能力正常运行，与其他交通工具互不干扰，具有强大的运输能力、较高的服务水平、显著的环境效益。轨道交通的应用首先表现在经济发达的城市中，并且在城市应用中有150多年的历史，于是人们也习惯地把轨道交通称为"城市轨道交通"。其实，根据轨道交通的特性，从广义上讲，车辆运行在导轨上的交通都应称之为轨道交通。但是，在轨道交通发展的历史进程中，人们又把铁路运输称之为大铁路,与轨道交通区别开来。因此,我们现在所说的轨道交通不包括大铁路。1863年伦敦地铁通车,如图1-1所示。

图1-1 1863年伦敦地铁通车

根据中华人民共和国建设部于2007年发布的《城市公共交通分类标准》(CJJ/T 114—2007)中的定义,城市轨道交通为采用轨道结构进行承重和导向的车辆运输系统,依据城市交通总体规划的要求,设置全封闭或部分封闭的专用轨道线路,以列车或单车形式,运送相当规模客流量的公共交通方式。国际轨道交通有地铁、轻轨、市郊铁路、有轨电车以及悬浮列车等多种类型,号称"城市交通的主动脉"。

城市轨道交通是城市公共交通的骨干,符合可持续发展的原则,特别适合大中城市,它主要有以下特点。

1. 时间准

城市轨道交通由于在专用行车道上运行,不受其他交通工具干扰,不产生线路堵塞现象并且不受气候影响,是全天候的交通工具,列车能按运行图运行,具有可信赖的准时性。

2. 速度快

与常规公共交通相比,城市轨道交通由于运行在专用行车道上,不受其他交通工具干扰,车辆有较高的运行速度,有较高的启、制动加速度,多数采用高站台,列车停站时间短,上下车迅速方便,而且换乘方便,从而可以使乘客较快地到达目的地,缩短了出行时间。

3. 舒适度高

与常规公共交通相比,城市轨道交通由于运行在不受其他交通工具干扰的线路上,城市轨道车辆具有较好的运行特性,车辆、车站等装有空调、引导装置、自动售票等直接为乘客服务的设备,城市轨道交通具有较好的乘车条件,其舒适性优于公共电车、公共汽车。

4. 安全性好

城市轨道交通由于运行在专用轨道上,没有平交道口,不受其他交通工具干扰,并且有先进的通信信号设备,极少发生交通事故。

5. 运力强

城市轨道交通由于高强度运转,列车行车时间间隔短,行车速度快,列车编组辆数多而具有较强的运输能力。据文献统计，地下铁道每公里线路年客运量可达100万人次以上，最高达到1200万人次，如莫斯科地铁、东京地铁、北京地铁等。

6. 占地少

大城市地面拥挤、土地费用昂贵。城市轨道交通由于充分利用了地下和地上空间，不占用地面街道，能有效缓解由于汽车大量发展而造成的道路拥挤、堵塞，有利于城市空间合理利用，特别有利于缓解大城市中心区过于拥挤的状态，提高了土地利用价值，并能改善城市景观。

7. 污染小

城市轨道交通由于采用电气牵引，与公共汽车相比不产生废气污染。由于城市轨道交通的发展，还能减少公共汽车的数量，进一步减少了汽车的废气污染。由于在线路和车辆上采用了各种降噪措施，一般不会对城市环境产生严重的噪声污染。

但是，城市轨道交通也存在建设投资大、路网结构不易调整、运营成本高、技术条件要求高等缺点。

二、城市轨道交通的类型

由于目前各国对于城市轨道交通的划分尚未有统一的标准，造成城市轨道交通的类型也不是很明确。我们可以根据基本技术特征的不同将城市轨道交通（简称城轨）分为：地铁系统、轻轨系统、有轨电车、单轨系统、市郊铁路、磁浮系统。此外，随着交通系统的发展而出现的一些新交通系统：自动导向轨道系统、市域快速轨道系统等。

（一）地铁系统

地铁是由电气牵引、轮轨导向、车辆编组运行在全封闭的地下隧道内，或根据城市的具体条件，运行在地面或高架线路上的大运量（高峰小时单向运输能力在3万人次以上）快速轨道交通系统。世界范围内地铁的地下部分约占70%，地面和高架部分约占30%，甚至有的地铁系统全部采用高架形式，只有部分城市地铁系统完全在地下。图1-2所示为上海轨道交通3号线。

图1-2 上海轨道交通3号线

上海3号线和北京13号线采用的都是地面或高架线路形式，但由于它的技术制式如车辆、信号、通信、线路都和其他地铁线路一致，故也把上海3号线、北京13号线称为地铁系列的线路。也有人怕混淆地铁概念,又把这类线路笼统地叫作城市轨道交通。

截至2019年底,全球共有75个国家和地区的520座城市开通城市轨道交通,运营里程超过28198km。其中,59个国家和地区的167个城市开通地铁,总里程达15622.61km;21个国家和地区的55座城市开通轻轨,总里程达1396.21km;58个国家和地区的416座城市开通有轨电车,其中有里程数据来源的240座城市的有轨电车总里程达11179.28km。

我国地铁建设事业起步较晚,国内地铁建设以大城市与省会城市为主。目前,我国除了已经拥有地铁的北京、上海、广州、深圳、香港和台北等大城市,正在建设或已获得批复建设地铁的城市还有重庆、苏州、杭州、无锡、哈尔滨、乌鲁木齐、澳门等23个,据我国各城市地铁交通发展规划图显示,截至2020年底,中国内地累计有44个城市开通城市轨道交通运营,运营线路达到7545.5km。随着城市化进程的进一步加速,中国的城市轨道交通建设有望迎来黄金发展期。

地铁具有以下特征:

(1) 全部或大部分线路建于地面以下。

(2) 建设费用高、周期长,成本回收慢。

(3) 行车密度大,速度高。

(4) 客运量大,一般在高峰时单向客运量为3~7万人次/h。

(5) 地铁列车的编组数决定于客运量和站台的长度,一般为2~8辆。

(6) 地铁车辆的消声减振和防火均有严格要求,既安全,又舒适。

(7) 供电的制式主要有直流750V或1500V架空线受电弓或第三轨集电靴受电。

(二) 轻轨系统

轻轨系统是指以有轨电车为基础发展起来的电气牵引、轮轨导向、车辆编组运行在专用行车道上的中运量(高峰小时单向运输能力在1~3万人次)的城市轨道交通系统。轻轨的含义是针对车辆对轨道施加的荷载而言的,轻轨车辆与地铁车辆相比较轻。轻轨交通系统的运量介于地铁和常规公交之间,它可以根据城市的特点和具体情况,采用地下、地面及高架相结合的形式进行建设,具有很大的灵活性和适应性。沈阳轻轨如图1-3所示。

图1-3 沈阳轻轨

轻轨是在老式的地面有轨电车的基础上发展起来的，在西欧、北美等地已经成为城市公共交通投资的主流。近年来，随着中国城市化步伐的加快，我国重庆、上海、北京等城市纷纷兴建城市轻轨。

轻轨与一般的铁路相比，具有以下特征。

（1）线路可以为地面、地下和高架混合型，一般与地面道路完全隔离，采用半封闭或全封闭专用车道。

（2）建设费较少，每千米线路造价仅为地铁的 1/5～1/2。

（3）中等运量，每小时单向运输能力一般为 2 万～4 万人次，介于地铁和公共汽车之间。

（4）轻轨车辆有单节 4 轴车、双节单铰 6 轴车和 3 节双铰 8 轴车等。

（5）对车辆和线路的消声和减振有较高要求。

（6）供电制式以直流 750V 架空线（或第三轨）供电为主，也有部分采用直流 1500V 和直流 600V 供电。

（三）有轨电车

有轨电车是最早发展的城市轨道交通之一，一般在城市中心穿街走巷运行，具有上下车方便的特点，通常单节。

早期有轨电车一般采用直流电机驱动，单向小时运能在 5000 人次左右，速度在 10～20km/h。由于运载能力、挤占道路、噪声等问题，后来一些城市相继拆除，现存规模缩小。早期有轨电车如图 1-4 所示。

图 1-4　早期有轨电车

与早期有轨电车相比，当今的有轨电车是高科技的结晶，使用先进的牵引、制动设备。它一般为两节车厢编组，可容纳 180～190 人，是普通单节公交车的两倍。新型有轨电车平均时速 20km，比城市中公交车平均时速快 30%；同时，有轨电车普遍使用长钢轨，基本没有接头，行驶中车轮与钢轨的摩擦噪声较低。

20 世纪 70 年代开始，采取线路隔离、自动化信号调度、开发高性能车辆等措施对传统有轨电车进行改造，在速度、能耗、噪声、运载能力等方面有了很大提高。

2006 年底，天津滨海新区开通了法国引进的胶轮电车 Transport，天津成为中国内地第一个使用胶轮电车的城市。天津胶轮电车如图 1-5 所示。

2009 年，上海浦东新区张江地区也开通了胶轮有轨电车。上海胶轮有轨电车如图 1-6所示。

图 1-5　天津胶轮电车　　　　　　图 1-6　上海胶轮有轨电车

（四）单轨系统

单轨系统是一种车辆与特制轨道梁组合成一体运行的中运量轨道运输系统，其轨道梁不仅是车辆的承重结构，同时是车辆运行的导向轨道。单轨系统的类型主要有两种：一种是车辆跨骑在单片梁上运行的方式，称为跨座式单轨系统；另一种是车辆悬挂在单根梁上运行的方式，称为悬挂式单轨系统。

单轨系统适用于单向高峰小时最大断面客流量 1～3 万人次的交通走廊。其占地面积很小，与其他交通方式完全隔离，运行安全可靠，建设适应性较强。在我国，正式作为城市交通用途的单轨交通于 2005 年 6 月 18 日在重庆正式建成运营，为跨座式单轨，如图 1-7 所示。

图 1-7　重庆跨座式单轨

（五）市郊铁路

利用干线铁路或修建专用线路，开行于市中心区到卫星城镇、卫星城镇到卫星城镇间（站距较大、停车次数较少、行车密度不太大）的旅客列车，叫"市郊铁路"。它主要用于通勤、通学、旅游、赶集等加强城郊联系的社会、经济活动。北京市郊铁路 S2线如图 1-8 所示。

图 1-8 北京市郊铁路 S2 线

市郊铁路通常和干线铁路相连,或者就是干线铁路的一部分。但它也不同于干线铁路,属于城市公共交通范畴,主要满足市域范围内的出行需求。市郊铁路也不同于地铁,与地铁相比具有站距长、旅速快、运能大,以及投资省、造价低等优点,列车编组多、车体大,大部分线路可铺设在地上(高架或地面方式),设站相对减少,车站结构较简单,建设费用较低;与干线铁路技术标准兼容,可实现两者的功能衔接与设备共享。

(六)磁浮系统

磁浮列车是一种现代高科技轨道交通工具,它通过电磁力实现列车与轨道之间无接触的悬浮和导向,再利用直线电机产生的电磁力牵引列车运行。磁浮交通有常导和超导两种类型。常导式磁浮线路能使车辆浮起 10~15mm 的高度,运行速度较低,用感应线性电机来驱动。超导式磁浮线路能使车辆浮起 100mm 以上,速度较快,用同步线性电机来驱动,技术难度较大。我国第一辆磁悬浮列车(购自德国)于 2003 年 1 月开始在上海磁浮线运行。2016 年 5 月,中国首条具有完全自主知识产权的中低速磁悬浮商业运营示范线——长沙磁浮快线开通试运营。该线路也是世界上最长的中低速磁浮运营线,如图 1-9 所示。

图 1-9 长沙磁浮快线

三、城市轨道交通系统的组成

城市轨道交通系统除了线路工程外,主要由车辆、供电系统、通信系统、信号系统、通风空调与采暖系统、给排水与消防系统、火灾自动报警系统、环境与设备监控系统、自动售检票系统、自助扶梯和电梯、屏蔽门(安全门)系统组成。

(一) 车辆

城市轨道交通车辆是用来搭载乘客,在固定导轨上行驶的运输工具,按有无动力可分为两大类:拖车(T),本身无动力牵引装置;动车(M),本身带有动力牵引装置。在运营时,城轨列车一般采用动拖结合、固定编组的电动列车组形式。城轨车辆不仅要有较强的载客能力、良好的动力性能、可靠的安全性能,保证运行安全、正点、快速;同时又要有良好的乘客服务设施,使乘客感到舒适、文明、方便。

(二) 供电系统

城市轨道供电系统是为城轨运营提供所需电能的系统,它不仅为城轨列车提供牵引用电,而且还为城轨运营服务的其他设施提供电能,如照明、通风、空调、给排水、通信、信号、防灾报警、自动扶梯等。在城市轨道交通运营中,供电一旦中断,不仅会造成城市轨道交通运营瘫痪,而且还有可能危及旅客生命安全,造成财产损失。因此,高度安全、可靠而又经济合理的供电系统是城市轨道交通正常运营的重要条件和保证。

城市轨道交通供电电源一般取自城市电网,通过城市电网一次电力系统和轨道交通供电系统实现输送或变换,最后以适当的电压等级、一定的电流形式(直流电或交流电)供给用电设备。

(三) 通信系统

城市轨道交通的通信系统是指挥列车运行、公务联络和传递各种信息,是保证列车安全、快速、高效运行不可缺少的综合通信系统。城轨通信系统主要包括:传输系统、公务电话系统、专用电话系统、无线集群通信系统、闭路电视监控系统(CCTV)、有线广播系统(PA)、时钟系统、电源及接地系统、乘客导乘信息系统(PIS)、办公室自动化(OA)等子系统。通信系统的服务范围涵盖了控制中心、车站、车辆段、停车场、地面线路、高架线路、地下隧道与列车。城市轨道通信系统要求高可靠、易扩充、组网灵活、独立采用通信网络,并能与公共通信系统联网。

(四) 信号系统

城市轨道交通信号系统是保证列车运行安全、实现行车指挥和列车运行现代化、提高运输效率的关键系统设备,通常由列车自动控制系统(Automatic Train Control,ATC)组成,ATC系统包括3个子系统:①列车自动监控系统(Automatic Train Supervision,ATS)、②列车自动防护子系统(Automatic Train Protection,ATP)、③列车自动运行系统(Automatic Train Operation,ATO)。3个子系统通过信息交换网络构成闭环系统,实现地面控制与车上控制结合、现场控制与中央控制结合,构成一个以安全设备为基础,集行车指挥、运行调整以及列车驾驶自动化等功能于一体的列车自动控制系统。

(五) 其他

通风空调与采暖系统、给排水与消防系统、火灾自动报警系统、环境与设备监控系统、自动售检票系统、自助扶梯和电梯、屏蔽门（安全门）等系统设施，在保证乘客有一个安全、舒适的候车环境的同时，更保证了乘客能够可靠、便捷地乘坐列车。

任务二　城轨供电系统的设计原则与主要技术标准

一、城轨供电系统的主要设计原则

（1）供电系统设计应满足安全、可靠、灵活、经济等要求。

（2）供电系统设计时应根据线路走向、站位分布和沿线电力系统供电电源分布情况以及线网规划等，合理确定变电所分布方案。

（3）根据轨道交通线路对供电可靠性的要求，每座主变电站必须由地区变电所提供双回路独立供电线路，以保证供电可靠性和供电质量。

（4）牵引变电所设两台整流机组，两台整流机组以并联运行构成等效 24 脉波整流方式向牵引网供电，以减少注入系统的谐波。

（5）牵引变电所安装容量除应满足正常运行方式高峰小时负荷要求外，同时应满足当任一牵引变电所解列时，相邻牵引变电所通过大双边供电承担高峰小时负荷的能力。

整流机组负荷特性应符合下列要求：

100％额定负荷——连续；

150％额定负荷——2h；

300％额定负荷——1min。

（6）为节省变电所面积及设备投资，在设牵引变电所的车站、降压变电所与牵引变电所合建为牵引降压混合变电所。

（7）中压供电网络的每分区应有两路互为备用的电力电缆贯通回路。中压供电网络分区原则为：运行时应保证轨道交通供电系统的功率传输途径最短。

（8）中压供电网络电力电缆截面应满足其中一路故障时，另一路担负整个分区高峰小时牵引负荷和全部照明负荷用电的要求。

（9）牵引供电系统采用直流 1500V 架空接触网供电。接触网最高电压不得高于1800V；最低电压不得低于 1000V。

（10）无功补偿暂按就地分散补偿的原则，在降压变电所 0.4kV 侧设置自动投切无功补偿装置，使供电系统总功率因数不低于 0.9。

（11）在满足技术水平要求下，尽量采用国产设备。

二、城轨供电系统的主要技术标准

《地铁设计规范》（GB 50157—2013）

《城市轨道交通技术规范》（GB 50490—2009）

《城市轨道交通直流牵引供电系统》（GB/T 10411—2005）

《供配电系统设计规范》（GB 50052—2009）

《20kV 及以下变电所设计规范》（GB 50053—2013）

《低压配电设计规范》(GB 50054—2011)
《通用用电设备配电设计规范》(GB 50055—2011)
《建筑物防雷设计规范》(GB 50057—2010)
《35kV～110kV变电所设计规范》(GB 50059—2011)
《3～110kV高压配电装置设计规范》(GB 50060—2008)
《交流电气装置的接地设计规范》(GB/T 50065—2011)
《电力工程电缆设计标准》(GB 50217—2018)
《电力装置的继电保护和自动装置设计规范》(GB/T 50062—2008)
《电力装置电测量仪表装置设计规范》(GB/T 50063—2017)
《建筑结构荷载规范》(GB 50009—2012)
《电气化铁路接触网零部件技术条件》(TB/T 2073—2020)
《电气化铁路接触网零部件试验方法》(TB/T 2074—2020)
《电气化铁路用铜及铜合金接触线》(TB/T 2809—2017)
《绝缘子试验方法 第1部分：一般试验方法》(GB 775.1—2006)
《绝缘子试验方法 第2部分：电气试验方法》(GB 775.2—2003)
《钢结构设计标准》(GB 50017—2017)
《地铁杂散电流腐蚀防护技术标准》(CJJ 49—2020)
《铁路电力牵引供电设计规范》(TB 10009—2016)
《铁路电力设计规范》(TB 10008—2015)
《电能质量 公用电网谐波》(GB/T 14549—1993)
《电能质量 供电电压偏差》(GB/T 12325—2008)
《半导体变流器与供电系统的兼容及干扰防护导则》(GB/T 10236—2006)
《半导体变流器 通用要求和电网换相变流器 第1-1部分：基本要求规范》(GB/T 3859.1—2013)
《电力系统调度自动化设计规程》(DL/T 5003—2017)
《地区电网调度自动化设计技术规程》(DL/T 5002—2005)
《电测量及电能计量装置设计技术规程》(DL/T 5137—2001)
《牵引变电所运行检修规程》(铁运〔1999〕101号)
《接触网运行检修规程》(铁运〔2007〕69号)
《铁路电力管理规则》和《铁路电力安全工作规程》(铁运〔1999〕103号)
《电气化铁路接触网故障抢修规则》(铁运〔2009〕39号)
《电力设备预防性试验规程》(DL/T 596—1996)

任务三 城轨供电系统的功能和主要运行方式

目前，世界各国的城轨交通都采用电力牵引，电能的供应和传输是城轨安全、可靠运行的重要保证。电能不但是城轨车辆牵引系统所需的能源，而且轨道交通运营服务中的其他机电设备也都依赖并消耗电能。城轨供电系统就是为城轨交通运营提供所需电能的系统，供电系统保证了城轨的各种用电设施正常工作，电动车辆畅行无阻，安全而迅速地运送乘客。可以说，供电系统是城轨的大动脉，是基础能源设施。

一、城轨供电系统的功能

城轨供电系统应具备安全可靠、调度方便、技术先进、功能齐全、经济合理的特点，并应具备以下所述功能。

（一）全方位的服务功能

供电系统的服务对象除运送乘客的电动车辆外，还要保证乘客在乘坐过程中有良好的卫生环境和秩序，具有通风换气设备、空调设施、自动扶梯、自动售检票、屏蔽门、排水泵、排污泵、通信信号、消防设施和各种照明设备。在城轨系统庞大的用电群体中，各用电设备有不同的电压等级、不同的电压制式，既有固定的，也有时刻变化的，供电系统就是要满足这些不同用途的用电设备对电源的不同需求，使城轨系统的每种用电设备都能发挥各自的功能和作用，保证城轨系统能够安全有序、稳定可靠地运营。

（二）故障自救功能

系统的安全性、可靠性是供电系统首先要考虑的重要因素，无论供电系统如何构成，采用什么样的设备，安全、可靠地供电总是第一位的。在系统中发生任何一种故障，系统本身都应有备用措施，以保证城轨系统的正常运营。供电系统设计以双电源为主要原则，当一路电源故障时，另一路电源应能保证系统的正常供电。如主变电所、牵引变电所和降压变电所为双电源、双机组；动力照明的一、二级负荷采用双电源、双回路供电；牵引网同一馈电区采用双边供电（双电源供电）方式，当一座牵引变电所故障解列时，靠两个相邻变电所的过负荷能力对牵引网进行大双边供电，保证列车可以照常运行不受影响。

（三）系统的自我保护功能

系统应有完善、协调的保护措施，供电系统的各级继电保护应相互配合和协调，当系统发生故障时，应当只切除故障部分的设备，从而使故障范围缩小。系统的各级保护应当满足可靠性、灵敏性、速动性、选择性的要求。对牵引供电系统而言，为保证乘客的安全，保护的速动性是第一位的，其保护原则是"宁可误动作，不可不动作"。误动作可以用自动重合闸校正，而保护不动作则很危险，因为直流电弧在不切断电源时可以长时间维持燃烧，从而威胁旅客生命安全。城轨供电系统中压交流侧保护，应和城市电网的保护相配合和协调，因此，其保护的选择性也受到制约。

（四）防止误操作的功能

系统中任何一个环节的操作都应有相应的联锁条件，不允许因误操作而导致发生故障。尤其是各种隔离开关（无论是电动还是手动）或手车式开关的隔离触头，都不允许带负荷操作。防止误操作的联锁条件可以是机械的，也可以是电气的，还可以是电气设备本身所具备的或是在操作规程和程序上严格规定的。防止误操作，是使系统安全、可靠地运行不可缺少的环节。

（五）方便灵活的调度功能

系统应能在控制中心进行集中控制、监视和测量，并应能根据运行需要，方便灵活地进行调度，变更运行方式，分配负荷潮流，使系统的运行更加经济合理。当系统发生故障而使一路或两路电源退出运行时，为保证地铁列车的正常运行，电力调度可以对供电分区进行调度和调整，以达到安全可靠、经济运行的目的。

(六) 完善的控制、显示和计量功能

系统应能进行本地和远动控制，并可以方便地进行操作转换，系统各环节的运行状态应有明确的显示，使运行人员一目了然。各种信号显示应明确，事故信号、预告信号分别显示。各种电量的测量和电能的计量应准确，并便于运行人员查证和分析。牵引用电和动力照明用电应分别计量，以利于对用电指标进行考核与经济分析。在控制中心应能对整个供电系统进行控制、信号显示、各种量值的计量统计。

(七) 电磁兼容功能

国际电工委员会（IEC）对电磁兼容（EMC）的定义为"设备或系统在其电磁环境中能正常工作且不对该环境中任何事物构成不能承受的电磁骚扰的能力"，其中，"任何事物"可以是设备、装置、系统，也可以是有生命或无生命的物体。城轨车辆是强电、弱电多个系统共存的电磁系统，为了使各种设备或系统在这个环境中能正常工作，且不对该环境中其他设备、装置或系统构成不能承受的电磁干扰，各种电气和电子设备的系统内部以及和其他系统之间的电磁兼容显得尤为重要。供电系统及其设备在地铁这个电磁环境中，首先是作为电磁干扰源存在的，同时也是敏感设备。在城市轨道的电磁环境中，供电系统与其他设备、装置或系统应是电磁兼容的。在技术上应采取措施，抑制干扰源，消除或减弱电磁耦合，提高敏感设备的抗干扰能力，以达到各系统的电磁兼容，使城轨车辆安全可靠地运行。

二、城轨供电系统的主要运行方式

为保证城市轨道交通的正常运行，更好地应对运行中可能出现的意外状况。城轨供电系统主要有以下四种运行方式。

(一) 正常运行方式

（1）保证所有地铁电气设备的用电要求。

（2）供电系统电压质量符合要求。

(二) 故障运行方式

（1）供电系统内部发生一处电气故障时，如一条电缆故障或一台变压器故障退出运行时，供电系统通过改变运行方式，保证所有或部分用电设备的正常运行。

（2）供电系统外部发生一般电气故障时，如一路外部电源故障，通过改变供电网开口点来保证对用户的不间断供电。

（3）供电系统外部发生严重电气故障时，如二路外部电源故障，通过改变运行方式来保证重要用电设备的供电以维持地铁运营。

(三) 检修运行方式

供电设备按计划进行检修和维护，当部分供电设备停运检修时，通过改变系统的运行方式来满足各类用户的正常用电要求。

（四）灾害情况下的运行方式

（1）供电系统内部发生严重灾害，如供电线路发生火灾。应立即将事故部分停电及隔离，以避免事故扩大，减小事故影响范围。

（2）供电系统外部发生严重灾害，如地铁车站发生火灾，应根据火灾地点的情况，尽快将灾害现场及与消防无关的供电回路停电，同时保证消防设施工作有效开展以及现场人员疏散所需的电源。

任务四　城轨供电系统的组成

我国的电力生产由国家经营管理，因此，无论是干线电气化铁路、工矿电力牵引，还是城市轨道交通的电力牵引用电，均由国家电网供给。城轨供电系统对城市电网来讲是用户，对地铁内部的用电设备来讲是电源。作为城市电网的一个重要用户，城轨供电系统一般都直接从城市电网取得电能，无须单独建设电厂，其组成如图1-10所示，归纳起来主要有外部供电系统、牵引供电系统和动力照明供电系统三大组成部分。

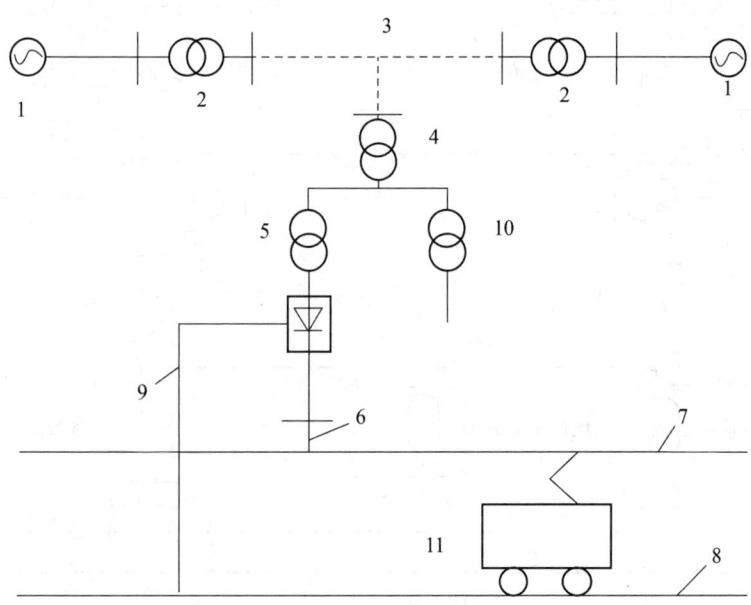

图1-10　城市轨道交通供电系统

1—发电厂（站）；2—升压变压器；3—电网；4—主降压变电站；5—牵引变电所；
6—馈电线；7—接触网；8—走行轨；9—回流线；10—降压变电所；11—机车

一、外部供电系统

在城市轨道交通供电系统中，从发电厂经升压、高压输电网、区域变电站至主降压变电站部分通常被称为牵引供电系统的"外部（或一次）供电系统"。

发电厂（站）是发出电能的中心，一般可分为火力发电厂、水力发电站和原子能核电站等。为减少线路的电压损失和能量损耗，发电厂的发电机发出的电能，要先经过升压变压器升高电压，然后以110kV或220kV的高压，通过三相传输线输送到区域变电站。

在区域变电站中，电能先经过降压变压器把110kV或220kV的高压降低电压等级（如10kV或35kV），再经过三相输电线输送给本区域内的各用电中心。城市轨道交通牵引用电既可从区域变电所高压线路得电，也可以从下一级电压的城市地方电网得电，这取决于系统和城市地方电网的具体情况以及牵引用电容量的大小。

对于直接从系统高压电网获得电力的城市轨道交通系统，往往需要再设置一级主降压变电站，将系统输电电压如110kV或220kV降低到10kV或35kV以满足直流牵引变电所的需要。从管理的角度上看，主降压变电站可以由电力系统（电业部门）直接管理，也可以归属于城市轨道交通部门管理。

如图1-11所示，虚线2以上，即从发电厂（站）经升压、高压输电网、区域变电站至主降压变电站部分通常被称为城市轨道交通供电系统的"外部（或一次）供电系统"。

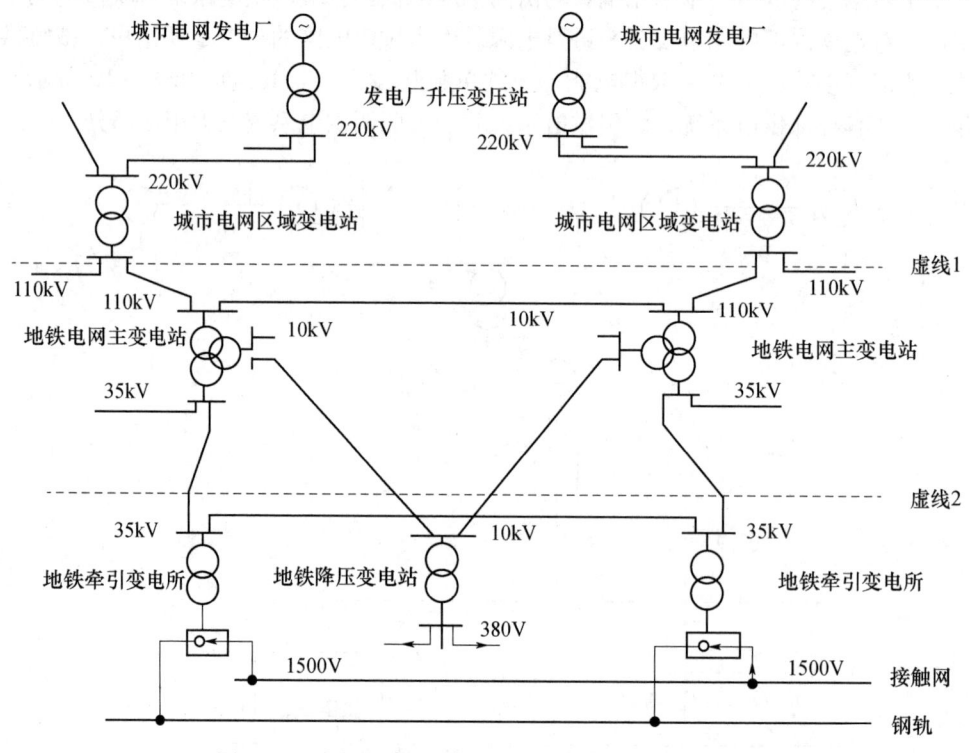

图1-11 城市轨道交通外部供电系统和牵引供电系统

二、牵引供电系统

如图1-11所示，从主降压变电站及其以后部分统称为"牵引供电系统"，它应该包括：直流牵引变电所、馈电线、接触网、钢轨及回流线等。在城市轨道交通牵引供电系统中，电能从牵引变电所经馈电线、接触网输送给电动列车，再从电动列车经钢轨（称轨道回路）、回流线流回牵引变电站。由馈电线、接触网、轨道回路及回流线组成的供电网络称为牵引网。因此，城市轨道交通牵引供电系统即由直流牵引变电所和牵引网组成，如图1-12所示。

项目一 城市轨道交通供电系统概述

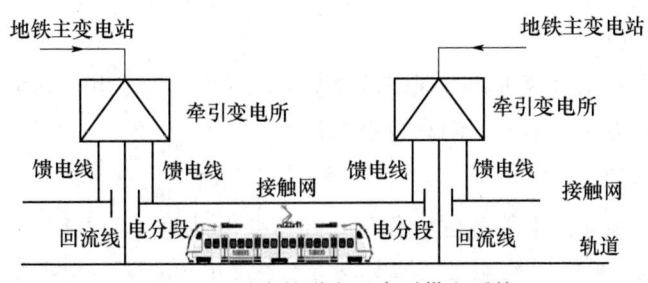

图 1-12 城市轨道交通牵引供电系统

（一）直流牵引变电所

供给城市轨道交通一定区域内牵引电能的变电所，是牵引供电系统的核心。一般由进出线单元、变压变流单元及馈出单元构成。其主要功能是将中压环网的 AC35kV 或 AC10kV 三相高压交流电源经变压变流单元后转换为城轨交通列车所需的电能，并分配到上下行区间供列车牵引用。

（二）接触网

接触网是沿列车走行轨架设的一种特殊供电线路，可经电动列车的受电器向其供给电能。按其结构可分为架空式和接触轨式；按其悬挂方式又可分为柔性（弹性）接触网和刚性接触网。习惯上，由于接触轨是沿线路敷设的与轨道平行的附加轨，故又称第三轨；而采用架空方式时，才称为"接触网"。

（三）馈电线

从牵引变电所向接触网输送牵引电能的导线称为馈电线。

（四）回流线

用以供牵引电流返回牵引变电所的导线称为回流线。

（五）电分段

为便于检修和缩小事故范围，将接触网分成若干段，称为电分段。

（六）轨道

轨道构成了牵引供电回路的一部分。列车行走时，利用走行轨作为牵引电流回流的电路。在采用跨座式单轨电动车组时，需沿线路专门敷设单独的回流线。

三、动力照明系统

城市轨道交通的动力照明供电系统如图 1-13 所示。各部分功能简述如下。

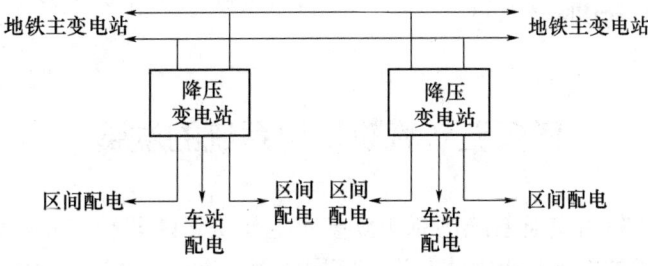

图 1-13 城市轨道交通的动力照明供电系统

（一）降压变电站

降压变电站将三相电源进线电压降压变为三相 380V 交流电，其主要用电设备是风机、水泵、照明、通信、信号、防火报警设备等。

（二）配电所（室）

配电所（室）仅起到电能分配的作用。降压变电站通过配电所（室）将三相 380V 和单相 220V 交流电分别供给动力、照明设备，各配电所（室）对本车站及其两侧区间动力和照明等设备配电。

（三）配电线路

配电所（室）与用电设备之间的导线为配电线路。

在动力供电系统中，降压变电站一般每个车站设置一个，有时也可几个车站合设一个；也可将降压（动力）变压器附设在某个牵引变电所之中，构成牵引与动力混合变电所。

地铁车站及区间照明电源采用 380V/220V 系统三相五线制系统配电，正常时，工作照明、事故照明均由交流供电，当交流电源失去时，事故照明自动切换为蓄电池供电，确保事故期间必要的紧急照明。

动力照明负荷的分级及供电方式如下。

（1）一级负荷：应急照明、变电所操作电源、火灾自动报警系统设备、消防系统设备、消防电梯、地下站厅站台照明、地下区间照明、排烟系统用风机及电动阀门、通信系统设备、信号系统设备、电力监控系统设备、环境与设备监控系统设备、自动售检票系统设备、兼作疏散用的自动扶梯、屏蔽门、防护门、防淹门、排雨泵、车站排水泵。其中应急照明、变电所操作电源、火灾自动报警系统设备、通信系统设备、信号系统设备为特别重要负荷。

一级负荷的供电要求：一级负荷应由双电源双回线路供电，当一个电源发生故障时，另一个电源不应同时受到损坏。一级负荷中特别重要的负荷，除由双电源供电外，尚应增设应急电源。

（2）二级负荷：地上站厅站台照明、附属房间照明、普通风机、排污泵、电梯、自动扶梯。

二级负荷的供电要求：二级负荷宜由双回线路供电，对电梯及其他距变电所不超过半个站台有效长度的负荷，可采用双电源单回线路专线供电。

（3）三级负荷：空调制冷及水系统设备、锅炉设备、广告照明、清洁设备、电热设备。

三级负荷的供电要求：三级负荷可为单电源单回线路供电，当供电系统中只有一个电源工作时允许自动切除该负荷。

任务五　城轨供电系统的发展

电力牵引用于轨道交通系统已有 100 多年的历史，随着经济和科学技术的不断发展，用于轨道交通的电力牵引方式有许多不同的制式出现。这里所说的制式是指供电系统向电动车辆或电力机车供电所采用的电流和电压制式,如直流制或交流制、电压等级、交流制中的频率(工频或低频)以及交流制中是单相或三相等。

一、供电制式的发展

为了满足城轨车辆速度快、能耗小、平稳舒适的运输要求,对动力车辆有如下要求。

(1) 启动加速性能。要求起动加速力大而且平稳,即恒定的、大的启动力矩,便于列车快速平稳起动。

(2) 动力设备容量利用。对列车的主要动力设备——牵引电动机的基本性能要求为,列车轻载时,运行速度可以高一些,而列车重载时运行速度可以低一些。这样无论列车重载或轻载都可以实现牵引电动机容量的充分利用,因为列车的牵引力与运行速度的乘积为其功率容量。

(3) 调速性能。在调速过程中既要变速,又要尽可能经济,不要有太大的能量损耗,同时还希望容易实现调速。

电力牵引采用的电流、电压制式主要有如下几种形式。

(一) 直流制式

世界上最早采用的电力牵引形式是直流制。这种电气化铁路采用600V、1500V、3000V或6000V的直流电,向直流电力机车供电,运用于矿山的为1500V;城市电车为650~800V;地铁为600~1500V。其主要优点是:可以简化机车设备。其主要缺点是:①供电电压低(通常只有1500V);②线路损耗大,供电距离短(≤20km)。

直流串励电动机的机械特性(转矩与转速的关系特性)可以形象地比喻为牛马特性,即牛可以拉得多一些,但跑得慢;马跑得快,但力气小,拉得少一些。这正符合重载时速度低、轻载时速度高的要求。此外,直流串励电动机的启动和调速方法也是比较容易实现的。为了限制直流串励电动机刚接通电源时启动电流太大和正常运行时为了降速而降低其端电压,最早采用在电动机回路中串联大功率电阻的方法来达到限流和降压的目的。这种方法的实现是容易的,但在启动和调速过程中却带来了大量的能量损耗,很不经济。尽管如此,由于局限于一定时期的技术发展水平,采用直流串励电动机作为牵引动力就成为最早也是迄今为止被长期应用的形式,这就是供电系统直接以直流电向电动车辆或电力机车供电的电力牵引"直流制式"。

(二) 低频单相交流制

随着矿山和干线电力牵引的发展,列车需要的功率越来越大,如果采用直流供电制式,则因受直流串励电动机端电压不能太高的限制,会导致供电电流很大,因而供电系统的电压损失和能量损耗必然增大,由此出现了"低频单相交流制"。

"低频单相交流制"是交流供电方式,交流电可以通过变压器升降压,因此,可以升高供电系统的电压,到了列车以后再经车上的变压器将电压降低到适合牵引电动机应用的电压等级。由于早期整流技术的限制,这种制式采用了在原理上与直流串励电动机相似的单相交流整流子牵引电动机。这种电动机存在着整流换向的问题,其困难程度随电源频率的升高而增大。因此,采用了"低频单相交流制",其供电频率和电压有

25Hz、6.5～11kV 和 16.67Hz、12～15kV 等类型。由于使用了低频电源使供电系统复杂化，需要由专用低频电厂供电，或由变频电站将国家统一工频电源转变成低频电源再输出，因此没有得到广泛应用，只在少数国家的工矿和干线上应用。

（三）三相交流制

个别国家，如瑞士、法国等采用 3.6kV 的三相交流制，电力机车采用三相交流异步电动机，部分胶轮轨道交通系统也使用三相交流供电。

其主要优点是：

（1）三相对称，不影响电力系统稳定性。

（2）牵引变电所和电力机车结构相对简化。

（3）三相异步电动机运行可靠、维护方便，机车功率大、速度高、功率因数高（接近于1）。

（4）能将无功功率、通信干扰减到最小。

缺点：三相交流制式的供电网比较复杂，必须有两根架空接触线和走行轨道构成三相交流电路，两根架空接触线之间要高压绝缘，造成机车供电线路复杂、投资大。而且异步电动机调速比较困难。

（四）工频单相交流制

工频单相交流供电制，最早出现在匈牙利，电压 16kV，1950 年法国试建了一条 25kV 的单相工频交流电气化铁道，随后日本、苏联等相继采用（20kV）。这是一种比较先进的电流、电压制，它引起了世界各国的重视。我国的电气化铁路从开始就采用了这种工频单相交流制（25kV），为我国电气化铁路的发展奠定了良好的基础。

其主要优点是：

（1）供电系统结构简单。牵引变电所从电力系统获得电能，经过电压变换后直接供给牵引网。

（2）供电电压增高，既可保证大功率机车的供电，提高机车牵引定数和运行速度，又可使变电所之间的距离延长，导线面积减小，建设投资和运营费用显著降低。

（3）交流电力机车的黏着性和牵引性能良好，牵引电动机可在全并联状态下运行，防止轮对空转的恶性发展，从而提高了运用黏着系数。

（4）和直流制比，减小了地中电流对地下金属的腐蚀作用，一般可不设专门的防护装置。

工频单相交流制式既保留了交流制可以升高供电电压的长处，又仍然采用直流串励电动机作为牵引电动机的优点。电力机车上装有降压变压器和大功率整流设备，可将高压电源降压，再整流成适合直流牵引电动机应用的低压直流电。电动机的调压调速可以通过改变降压变压器的抽头或可控整流装置实现。工频单相交流制是当今世界各国干线电气化铁路应用较普遍的牵引供电制式。

二、城轨供电系统的供电制式

（一）采用直流制式标准的原因

城市轨道交通几乎毫无例外地采用直流供电制式。世界各国城市轨道交通的供电电压都在直流 DC550～DC1500V 之间。现在国际电工委员会拟定的电压标准为：DC600V、DC750V 和 DC1500V 三种。我国国家标准也规定为 DC750V 和 DC1500V。采用直流制式的原因有如下几点。

（1）城轨电动车辆的功率并不很大，供电半径也不大，因此供电电压不需要太高。

（2）在同样电压等级下，直流制因为没有电抗压降而比交流制的电压损失小。

（3）城轨供电系统的供电线路处在城市建筑群之间，供电电压不宜太高，以确保安全。

（4）由于大功率半导体整流元件（晶闸管）的出现，在直流制电动车辆上，采用整流器可对直流串励牵引电动机进行调压调速，减少了能耗，给直流制增添了新的生命力。

（5）快速晶闸管出现后，由快速晶闸管等组成的逆变器，可将直流电逆变成频率可以调节的交流电，解决了多年来想采用结构简单、结实的鼠笼式异步电动机作为牵引电动机的问题。这种用改变频率改变异步电动机速度的方法（简称变频调速），使异步牵引电动机性能满足牵引列车特点的要求。虽然电动车辆上采用的是交流异步牵引电动机，但其供电电压还是直流的，所以还属于直流制式的范畴，这就为直流制的应用提供了一个更宽广的发展空间。

（二）国内轨道交通供电系统的发展现状

我国自 1969 年建成北京第一条地下铁道之后，相继已有上海、广州等城市的轨道交通投入商业运营。其中北京和天津地铁采用 DC750V 第三轨供电。上海、广州、南京、深圳和大连采用 DC1500V 接触网馈电。正在筹建或将要运营轨道交通的城市地铁采用 DC1500V 供电。苏州、杭州、武汉和青岛采用 DC750V 第三轨供电。

任务六　城轨供电系统的杂散电流认知与防护

利用走行轨回流的直流牵引供电系统存在杂散电流腐蚀防护问题。杂散电流也被称为迷流，是在城市轨道交通直流牵引供电回流中产生的。它会对城市轨道交通系统内外的设备和管线造成一定的危害和影响，尤其会使走行轨、各种金属管线和金属部件等产生腐蚀，如沿线煤气管道会因腐蚀穿孔而造成煤气泄漏，隧道内水管会因腐蚀穿孔而造成漏水等。因此，需要对杂散电流腐蚀进行防护和监测。

一、杂散电流的形成

目前，城市轨道交通一般采用直流牵引供电。列车所需牵引电流由牵引变电所提供，通过牵引网（架空接触网或接触轨）送向列车，并通过走行轨作为牵引电流回路，返回牵引变电所。尽管走行轨对地绝缘，但由于钢轨与隧道或道床等结构之间的绝缘电阻不是无限大，所以牵引电流并非全部沿走行轨流回牵引变电所，而是有一部分由走行轨泄漏流入道床，并由道床流向结构钢筋、排水管，甚至隧道外的水管、煤气管道等金属管线，而后又经这些金属管线流回道床，再由道床流回走行轨并返回牵引变电所，这部分泄漏电流因大地土壤的导电性质及地下金属管道的位置不同，可以分布很广，故称为"迷流"或"杂散电流"。图 1-14 为直流牵引地下杂散电流示意图。

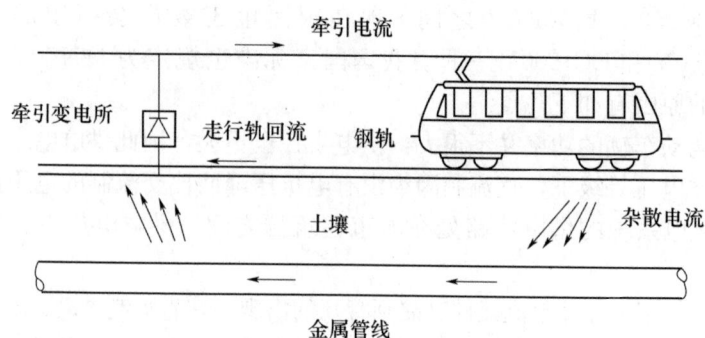

图 1-14 直流牵引地下杂散电流示意图

在列车实际运行中,有少量泄漏电流不沿回流钢轨回到牵引变电所,而是从轨道泄漏到大地中,再沿着大地回到牵引变电所或根本不回到牵引变电所,流向大地的低电位处,哪里的电位低就流向哪里,哪里电阻率低就从哪里流过,只能从金属腐蚀的现象判断其大小和流向,既不知道它的来源,也不知其去处。

只要地下的金属管线流过杂散电流,在电流流出的地方,就会造成腐蚀。杂散电流是直流牵引供电系统产生的两大电磁污染源之一,它的危害主要是对金属物体的腐蚀,只有杂散电流从金属导体流向介质时对金属才有危害。如杂散电流从走行轨中泄漏到结构钢筋中,则流出走行轨时对走行轨有腐蚀,再从结构钢筋中流到走行轨则对钢筋有腐蚀,如图 1-15 所示。

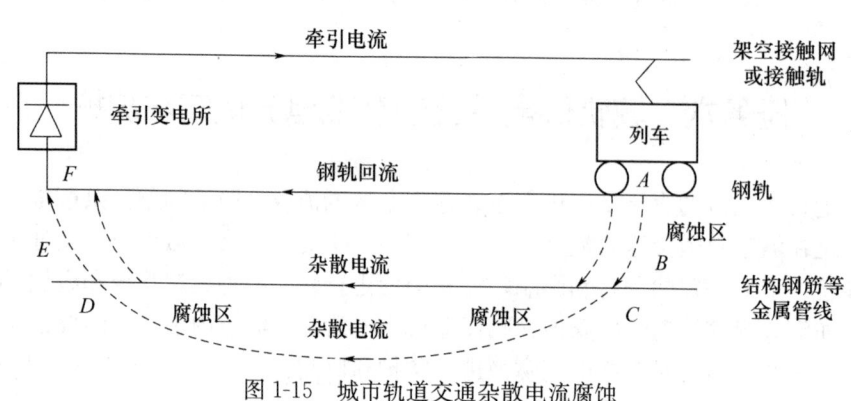

图 1-15 城市轨道交通杂散电流腐蚀

二、杂散电流的危害

城市轨道中的杂散电流是一种有害的电流,会对地铁中的电气设备、设施的正常运行造成不同程度的影响,对隧道、道床的结构钢和附近的金属管线也会造成危害。这种危害主要表现在如下几个方面。

(1) 若地下杂散电流流入电气接地装置,会引起过高的接地电位,使某些设备无法正常工作。

(2) 若钢轨(走行轨)局部或整体对地的绝缘变差,则此钢轨(走行轨)对大地的泄漏电流增大,地下杂散电流增大,这时有可能引起牵引变电所的框架保护动作。而框架保护动作则会引起整个牵引变电所的断路器跳闸,全所失电,同时还会联跳相邻牵引变电所对应的馈线断路器,从而造成较大范围的停电事故,影响地铁的正常运营。

(3) 对城市轨道隧道、道床或其他建筑物的结构钢以及地下的金属管线(如电缆、金属管件等)造成电腐蚀。如果这种电腐蚀长期存在,将会严重损坏地铁附近的各种结构钢和地下金属管线,从而破坏结构钢的强度,缩短其使用寿命。

三、杂散电流的防护

杂散电流的治理是个综合性的工程,需要多工种相互配合、各专业相互协调,才能收到良好的效果,是一个从设计到施工、再到运营都需特别关注的问题。

可以采取增加轨道与大地间的绝缘、降低走行轨道的电阻、缩短变电所之间的距离、金属管道远离轨道线路和其他专门的"电保护"等措施使轨道电流少流入大地,即使流入大地也少流向地下金属物,如有已经流入地下金属物的电流,也使其在地下回流点处经"电旁泄"直接流回变电所,不形成腐蚀阳极区。所谓"电旁泄"是一种专设的电流通道,它保证杂散电流从被保护建筑物回流入钢轨网、牵引变电所回流线或者直接流入与钢轨网相连的牵引变电所母线,使地下建筑物处于阴极状态。

(一) 杂散电流的防护原则

为了改善杂散电流造成的腐蚀问题,应首先加强防护,其次是排流,采取"以防为主,以排为辅,防排结合,加强监测"的原则。

(1) 防。就是隔离和控制所有可能的杂散电流泄漏途径,减少杂散电流进入城市轨道的主体结构、设备及可能与其相关的设施。

(2) 排。就是通过杂散电流的收集及排流系统,提供杂散电流返回牵引变电所负母线的通路,防止杂散电流继续向本系统外泄漏,以减少腐蚀。

(3) 监测。设计完备的杂散电流监测系统,监视、测量杂散电流的大小,为运营维护提供依据。

(二) 杂散电流防护的措施

杂散电流防护的措施包括"防、排、测"三方面的内容,具体如下。

1. 防

(1) 在条件许可的情况下,尽量减小牵引变电所的间距,减少杂散电流的产生。
(2) 要求钢轨采用绝缘法安装,防止杂散电流流入道床。
(3) 直流设备采用绝缘法安装。
(4) 盾构区间采用隔离法对盾构管片结构钢筋进行保护。
(5) 由外界引入地铁内或由地铁内引出的金属管线均应进行绝缘处理后方可引入或引出。

2. 排

正线轨道尽量采用整体道床,并利用整体道床内结构钢筋的电气连续形成杂散电流收集网,此收集网系统为杂散电流从钢轨上泄漏后遇到的第一道电阻较小的回流通路,可将杂散电流尽量限制在本系统内部,防止杂散电流继续向本系统以外泄漏。

(1) 利用整体道床内结构钢筋的电气连接,建立主要的杂散电流收集网。

（2）利用地下隧道、车站结构钢筋的电气连接，建立辅助杂散电流收集网。

（3）将钢轨上泄漏出来的杂散电流收集起来，通过排流柜送回牵引变电所。

3. 测

全线设置一套杂散电流监测系统，对整体道床结构钢筋和隧道结构钢筋的极化电位进行实时监测。杂散电流监测系统由参考电极、道床收集网测试端子、隧道收集网测试端子、杂散电流综合测试装置构成。

【复习与思考】

练习：

1. 城市轨道交通的特点是什么？
2. 城市轨道交通有哪些类型？各有什么特点？
3. 城轨供电系统的功能及要求是什么？
4. 城轨供电系统由哪些部分组成？各组成部分的作用是什么？
5. 城轨供电系统采用何种供电制式？
6. 杂散电流腐蚀形成的原因是什么？如何防护？

想一想：

1. 城市轨道交通有哪些和其他公共交通不一样的特点？
2. 城市轨道交通系统使用何种供电制式？为什么要使用这种制式呢？
3. 轨道交通供电系统中的地下杂散电流是怎样产生的？如何防护？

项目二　外部供电系统

【知识目标】

1. 了解外部供电系统的电源；
2. 认识谐波和无功功率及其处理方法；
3. 掌握外部供电系统对城市轨道交通的三种供电方式；
4. 掌握主变电所的设备和主接线选择；
5. 掌握中压网络的电压等级和构成形式。

【能力目标】

1. 能分别指出外部供电系统的电源电压等级和中压网络的电压等级；
2. 能画出三种外部供电方式的示意图并指出其特点和适用范围；
3. 能画出各种类型的中压网络构架图。

【问题导入】

城市轨道交通为重要电力用户，其用电负荷基本为一级负荷，而且用电量相对较大，如一条中大运量轨道交通线路的高峰 1 小时需用功率一般为 $6×10^4 \sim 10×10^4\,\mathrm{kW}$。对于一般城市而言，轨道交通的用电负荷需求，均未列入既有城市电网的用电规划。所以，轨道交通的外部供电系统必须满足高可靠性的要求。那么，在城市轨道交通系统建设的前期阶段，应如何选择外部供电系统的电源方案和供电方式呢？作为主变电所与牵引供电系统、动力照明供电系统之间相互连接的重要环节，中压网络又该选择怎样的电压等级和构成形式呢？为确保供电质量，主变电所的位置及数量该如何确定？

任务一　电源概述

城市轨道交通供电系统是由电力系统经高压输电网、主变电所降压、配电网络和牵引变电所降压、整流（转换为直流电）等环节，向城市轨道系统输送电力的能源系统。

通常，高压输电线到了各城市或工业区以后，通过区域变电所（站）将电能转配或降低一个等级，如以 $10\sim35\,\mathrm{kV}$ 的电压向附近各用电中心送电。城市轨道交通的牵引用电既可从区域变电所高压线路得电，也可以从下一级电压的城市地方电网得电，这取决于系统和城市地方电网具体情况以及牵引用电容量大小。

对于直接从系统高压电网获得电力的城市轨道交通系统，往往需要再设置一级主降压变电所，将系统输电电压从 $110\sim220\,\mathrm{kV}$ 降低到 $10\sim35\,\mathrm{kV}$，以适应直流牵引变电所的需要；从管理角度上看，主降压变电所可以由电力系统直接管理，也可以归属于城市轨道交通部门管理。

一、电源系统的组成

城轨供电系统的电源是指城市电网对轨道交通系统内部变电所的供电系统，包括发电厂、电力网和变电所。供电系统为双路电源，使其能获得不间断的电源。

（一）发电厂

发电厂将其他形式的能源转换为电能，根据能源的不同，常见的发电厂为火电厂、水力电厂和核电厂等，此外还有地热电厂、风力电厂和潮汐海洋电厂等。

1. 火力电厂

目前，我国仍以燃煤为主的火力电厂居多数。这些电厂多建在煤炭基地附近，故称为"坑口"电厂，其单机容量可达600MW（兆瓦）。如果把已做过功的乏气再作为热能供给用户，这种电厂又称为热电厂。

2. 水力电厂

水力电厂是建于江河之上并把河流的落差能量转化成电能的发电厂。水能发电不仅效率高，而且水能是在自然界中不断循环的再生资源，具有用之不竭的特点。我国水能资源丰富，水能发电的潜力很大。目前，世界上最大发电机的容量为750MW，我国水轮发电机的单机最大容量为700MW。

3. 核电厂

核电厂是将原子核裂变时所产生的核能转变为电能。核电厂的核心部分是核子反应堆和蒸汽发生器，相当于发电厂的蒸汽锅炉。其发电设备仍为一般汽轮机和发电机。核电厂建设需要大量公用辅助和防护设施，故为了提高效益，核电厂的单机容量较大，近年来多在900MW以上。

（二）电力网

电力网简称电网，由输电线路、配电线路和变电所组成。输电线路的作用是输送电能，其特点是电压较高，线路较长；配电线路的作用是分配电能，其特点是电压较低，线路较短。

电网按其规模主要分为地区电网和区域电网，前者多限于一个地区或一个省，电压等级为110~220kV。区域电网通常是由几个地区或几个省的电网联合组成，电压等级为330~500kV。

为了提高电网的输送容量和输送距离，世界各国都在探索更高电压等级的输电线路。同时由于直流电压输电无电抗存在、稳定性好，故受到世界各国的普遍重视。我国也已建成了多条±500kV的直流高压输电线路。

（三）变电所

变电所除具有变换电压的作用外，还具有集中电能、分配电能、控制电能以及调整电压的作用。一般把变电所分为以下三种类型：

1. 枢纽变电所

如图2-1所示，它通常都有两个及其以上电源汇集，并进行电能的分配和交换，从而形成一个电能的枢纽。此类变电所规模较大，多采用三绕组变压器以获得不同级别的电压，并送到不同距离的地区。

图 2-1 枢纽变电所

2. 地区变电所

其作用是供给一个地区用电。通常也采用三绕组变压器，高压受电，中压转供，低压直配。

3. 用户变电所

此类变电所属于电力系统的终端变电所，直接供给用户电能，通常采用双绕组变压器。铁路牵引变电所就属于此类变电所。

（四）一次供电网络

一次供电网络是指直接向牵引变电所供电的地区变电所（或发电厂）及高压输电线路。输电线路一般分为两路，电压为110kV。近年来，也有采用220kV的，相比之下，后者电源的可靠性和稳定性等技术指标相对较高。

高压输电线路专门用于牵引供电，由国家电力部门修建并管理，并以牵引变电所的110kV进线门形架为分界点。

二、城轨供电系统对外部电源的要求

城市轨道交通系统是城市交通主动脉，也是重要的公用设施之一。根据国家相关规范标准，城轨交通用电负荷应按一级负荷考虑，即用电负荷都必须由安全、可靠的二路电源供电。

（一）相关国家标准对一级负荷电源的规定

一级负荷应由双电源双回线路供电，当一个电源发生故障时，另一个电源不应同时受到损坏。一级负荷中特别重要的负荷，除由双电源供电外，尚应增设应急电源。

依据国家相关标准，下列电源可作为应急电源：

（1）独立于正常电源的发电机组。

（2）供电网络中独立于正常电源的专用的馈电线路。

（3）蓄电池。

（4）干电池。

根据上述标准中对一级负荷供电电源的要求，城轨交通供电系统的主变电所、牵引变电所、降压变电所，都要求能获得两路电源。

（二）城轨交通供电系统对电源的要求

（1）两路电源要求来自不同的变电所或同一变电所的不同母线。

（2）每个进线电源的容量应满足变电所全部一、二级负荷的要求。

（3）两路电源应分列运行，互为备用，当一路电源发生故障时，由另一路电源恢复供电。

（4）为便于运营管理和减少损耗，要求集中式供电的主变电所的站位和分散式供电的电源点，要尽量靠近城轨交通线路，减少引入城轨交通的电缆通道的长度。

（5）设有两座以上主变电所的应急电源系统中，在保证城轨电动车组安全快捷地运送乘客的基本功能的前提下，要求将下列负荷纳入应急电源系统：

1）保证一定运输能力的牵引负荷。一定运输能力的负荷应是指高峰小时以下的运输能力时的负荷。

2）保证地铁正常运行必需的动力照明负荷，如通信、信号、自动售检票机、屏蔽门、工作照明、变电所自用电、自动扶梯等所需动力负荷。

三、城轨交通供电系统的电源电压等级

（一）城市电网电压等级的现状与发展

电力系统电压等级有 220V/380V（0.4kV）、3kV、6kV、10kV、20kV、35kV、66kV、110kV、220kV、330kV、500kV。随着电机制造工艺的提高，10kV 电动机已批量生产，所以供电系统以 10kV、35kV 为主。输配电系统以 110kV 以上为主。发电厂发电机有 6kV 与 10kV 两种，现在以 10kV 为主，用户均为 220/380V（0.4kV）低压系统。

根据《城市电力网规划设计导则》规定：输电网为 500kV、330kV、220kV、110kV，高压配电网为 110kV、66kV，中压配电网为 20kV、10kV、6kV，低压配电网为 0.4kV（220V/380V）。发电厂发出 6kV 或 10kV 电，除发电厂自己用（厂用电）之外，也可以用 10kV 电压送给发电厂附近用户，10kV 供电范围为 10km、35kV 为 20～50km、66kV 为 30～100km、110kV 为 50～150km、220kV 为 100～300km、330kV 为 200～600km、500kV 为 150～850km。

20kV 作为中压一次配电层，功能上可以替代 35kV 与 10kV 两个配电层，而造价上则与 10kV 设备差异不大。20kV 电压等级的这种特点，适合高密度负荷地区的城市电网。我国第一个 20kV 一次配电的供电区，于 1996 年 5 月在苏州工业园区投入运行。国外城轨供电系统广泛采用 20kV 中压网络。

（二）集中式供电对外部电源电压等级的要求

集中式供电要求从城市电网引进高压电源。因 330kV 及以上为地区高压送电电压级，故不直接用于电力用户。目前 220kV 变电所的变压器装机容量多为 2×120～3×250MV·A，远期变压器增容一般不小于 3×180MV·A。对于中等运量的城市轨道交通，主变压器选择多为 2×25～2×63MV·A，一般不超过 2×63MV·A。若城市轨道交通主变电站外部电源采用 220kV，将不能充分发挥 220kV 的供电能力，这将造成电力资源的浪费，而且还将增加设备投资，加大管理难度。因此，对于集中式外部电源方

案，目前外部电源电压等级一般为110kV。东北地区沈阳、哈尔滨等则为66kV。

(三) 分散式供电对外部电源电压等级的要求

分散式供电需要从城市电网直接引入中压电源，故对于分散式供电方案，中压网络的电压等级应与城市电网一致，根据城市电网情况，可以采用35kV，也可以采用10kV，如北京、长春、大连等。

四、谐波及其治理

城市轨道交通中存在非线性负荷，除牵引整流机组外，还存在大量荧光灯、UPS电源、变频器及软启动装置等，这些设备产生大量的谐波，使电力系统的正弦波形畸变，电能质量降低。谐波需要综合治理，首先从谐波源头进行限制，其次采取必要技术措施以降低谐波的危害程度。

(一) 谐波的概念

在理想干净的电力系统中，电流和电压都是纯粹的正弦波。由于电力系统中某些设备和负荷的非线性特性，即所加的电压与产生的电流不呈线性（正比）关系而造成波形畸变。当电力系统向非线性设备及负荷供电时，这些设备或负荷在传递（如变压器）、变换（如交直流换流器）、吸收（如电弧炉）系统发电机所供给的基波能量的同时，又把部分基波能量转换为谐波能量，向系统倒送大量的高次谐波，使电力系统的正弦波形畸变、电能质量降低。

城轨供电系统中的谐波源主要为电子开关型，即轨道交通中广泛使用的各种交直流换流装置（整流器、逆变器）以及双向晶闸管可控开关设备。

牵引供电系统是城轨供电系统的主要谐波源。其中采用的牵引整流机组，属于非线性受电设备，电压畸变的程度取决于整流装置容量和电网容量的相对比值及供电系统对谐波频率的阻抗。当然，非正弦电压施加在线性电路上时，电流也是非正弦波。这种非正弦电流波形，由于系统的参数、牵引整流机组的整流相数、接线方式的不同，波形畸变程度也不同。

(二) 谐波的危害

谐波对电力系统的污染日益严重，谐波源的注入使电网谐波电流、谐波电压增加，其危害波及全网，对各种电气设备都有着不同程度的影响和危害。主要体现在以下几个方面：

(1) 谐波对供电线路产生了附加损耗。
(2) 谐波影响各种电气设备的正常工作。
(3) 谐波使电网中的电容器产生谐振。
(4) 谐波对附近的通信系统产生干扰。

(三) 谐波的治理

谐波治理属于综合性工程，首先限制谐波源头，采取必要的技术措施将谐波含量降到最小，其次采取辅助措施，降低谐波影响。

限制电网谐波的主要措施有：增加整流装置的脉波数，加装交流滤波器、有源电力滤波器等。

1. 增加牵引整流机组的脉波数

高次谐波电流与整流相数密切相关，即相数增多，高次谐波的最低次数变多，则谐波电流幅值变小。

为了减少牵引供电系统产生的谐波电流，牵引变电所采用两套带移相线圈的 12 脉波牵引整流机组，正常情况下，两台机组并联运行，形成 24 脉波整流，最大限度地限制谐波的产生。

2. 安装滤波装置或谐波补偿装置

常用的滤波装置主要为两类：无源滤波装置和有源滤波装置。

(1) 无源滤波装置。该装置由电容器、电抗器，有时还包括电阻器等无源元件组成对某次谐波及其以上次谐波形成低阻抗通路，以达到抑制高次谐波的作用。滤波器与动态控制的电抗器一起并联，这样既满足无功补偿、改善功率因数，又能消除高次谐波的影响。

无源滤波装置种类有：各阶次单调谐滤波器、双调谐滤波器、二阶宽频带与三阶宽频带高通滤波器等。

无源滤波器具有投资少、效率高、结构简单及维护方便等优点，现阶段广泛用于配电网中，但由于滤波特性受系统参数影响大，只能消除特定的几次谐波，而对某些次谐波会产生放大作用，甚至谐振现象。

(2) 有源滤波装置。有源滤波装置利用可控的功率半导体器件向电网注入与谐波源电流幅值相等、相位相反的电流，使电源的总谐波电流为零，达到实时补偿谐波电流的目的。与无源滤波器相比，有以下特点：

1) 不仅能补偿各次谐波，还可抑制闪变、补偿无功，有一机多能的特点，性价比较合理。

2) 滤波特性不受系统阻抗等影响，可消除与系统阻抗发生谐振的危险。

3) 具有自适应功能，可自动跟踪补偿变化着的谐波，即具有高度可控性和快速响应性等特点。

运营初期，客流量不大，用电负荷较小，城轨供电系统中牵引整流机组产生的谐波含量不高，必要时主变电所、电源开闭所预留滤波装置的安装位置。当供电系统谐波含量超标时，投入滤波装置。

(3) 谐波补偿装置。在主变电所、电源开闭所或直接从城市电网引入电源的变电所设置谐波补偿装置。有一种电能质量有源恢复系统，其装置既可补偿谐波，又可补偿无功功率。

(4) 荧光灯。荧光灯若选用电子整流器，则选 L 级产品，规定其三次谐波含量不高于 30%。节能电感镇流器其本身的谐波含量很低，小于 10%，其配用的就地功率因数补偿电容能够对谐波电流起到分流作用，进一步降低谐波电流。

其他辅助措施主要有：

1) 选用 D、Y_{11} 接线组别的三相配电变压器；

2) 将产生谐波的供电线路和对谐波敏感的供电线路分开；

3) 加强检测管理。

五、无功功率及其补偿

城轨交通系统包含了大量的低压用电设备,其自然功率因数较低,动力设备一般为 0.8 左右,荧光灯等气体放电灯则为 0.5。供电系统中功率因数较低时,增大了供电线路中的损耗,变电设备的输出容量增大,应进行适当的无功功率补偿。同时,还应防止过补偿现象。

(一) 无功功率的概念

具有电感和电容的交流电路中,电感的磁场或电容的电场在一个周期中的一部分时间内从电源吸收能量,另一部分时间内将能量返回电源。在整个周期内平均功率为零,也就是没有能量消耗,但能量是在电源和电感或电容之间来回交换的。能量交换率的最大值叫作无功功率。

凡是有电磁线圈的电气设备,要建立磁场,利用电磁感应实现能量的转换和传递。如发电机、变压器、电动机等,就是通过磁场来完成机械能与电能之间转换的。

电动机需要建立和维持旋转磁场,使转子转动,从而带动机械运动,电动机的转子磁场就是靠从电源取得无功功率建立的,从电网吸收的无功功率在电网与电动机之间不断地进行交换。

变压器也同样需要无功功率,才能使变压器的一次线圈产生磁场,在二次线圈感应出电压。

(二) 无功功率的危害

无功功率的危害主要体现在以下四个方面:

(1) 供电线路中增加了无功功率的有功损耗,导致变送电设备、供电线路、用电设备发热程度加重。

(2) 增加了无功电流在供电线路上产生的无功电压降,导致供电线路末端的输出端电压进一步降低,致使用电设备的实际输出功率大大降低。

(3) 因变送电设备的负荷容量中增加了无功容量,致使变送电设备的有功输出容量降低。

(4) 电网中的电流与电压的相位不同,产生较为严重的谐波分量,导致供电网络电压不稳定和谐波干扰增大。

(三) 无功功率的补偿

电力部门对用户功率因数的一般要求如下:高压供电的用户,其功率因数不小于 0.9;低压供电的用户,其功率因数不小于 0.85。

提高功率因数的主要方法是采用低压无功补偿技术,通常采用的补偿方式有多种。无功功率补偿按安装位置划分为就地补偿、集中补偿;按工艺划分为动态补偿、静态补偿。

1. 就地补偿

就地补偿是将低压电容器组与电动机并接,通过控制、保护装置与电动机同时投切。就地补偿适用于补偿电动机的无功消耗,以补偿励磁无功为主,此种方式可较好地限制了城轨供电系统的无功负荷。具体如下:可减小配电线路的导线截面和配电变压器的容量；可减少中压网络、配电变压器、低压配电线路的功率损耗；补偿点的无功经济当量最大，因而降低能耗效果更好；可降低电动机的启动电流。

就地补偿同样适用于荧光灯、气体放电灯的无功消耗，将低压电容器组与荧光灯、气体放电灯并接，通过保护装置与荧光灯、气体放电灯同时投切。

就地补偿的特点：用电设备运行时，无功补偿投入，用电设备停运时，补偿设备也退出，而且无须频繁调整补偿容量；具有投资少、占空间小、安装容易、配置方便、维护简单、事故率低等特点。

2. 集中补偿

集中补偿又分为主变电所集中补偿和低压集中补偿两种方式。

（1）主变电所集中补偿。针对中压网络的无功平衡，在主变电所进行集中补偿，补偿装置包括并联电容器、同步调相机、静止补偿器等，主要目的是改善高压侧电源的功率因数，提高降压变电所的电压和补偿变压器的无功损耗。这些补偿装置一般连接在主变电所中压母线上，因此具有管理容易、维护方便等优点。

（2）变电所低压集中补偿。以无功补偿投切装置作为控制保护装置，将低压电容器组设在变电所低压 0.4kV 母线上的补偿方式，根据低压负荷水平的波动投入相应数量的电容器进行跟踪补偿。

低压集中补偿的主要目的是提高配电变压器的功率因数，实现无功的就地平衡，对降低中压网络和配电变压器的电压损失有一定作用，也有助于保证低压配电系统的电压水平。可以替代就地补偿方式，是目前补偿无功最常用的手段之一。

集中补偿运行方式灵活，运行维护工作量小，寿命相对延长，运行更可靠；但不能降低配电线路及电气设备的功率损耗，且控制保护装置复杂、首期投资相对较大。集中补偿方式可与就地补偿方式结合使用。

3. 静态补偿

静态补偿一般由值班人员负责手工投入或退出，投切速度慢，不适合负载变化频繁的场合，容易产生欠补偿或者过补偿，造成电网电压波动，损坏用电设备，维护工作量大。

4. 动态补偿

动态补偿通过自动检测相电流、相电压、功率因数等数据，对任何负载情况进行实时快速补偿，并有稳定电网电压功能，提高电网质量。有触点投切装置，投切频率高，电容器寿命受到影响；无触点零电流投切技术增加了电容器使用寿命。

任务二　外部供电方式

电源由城市电网引入，根据不同城市的电网构成，采用合适的供电方式。城市轨道交通系统作为城市电网的特殊用户，一般用电范围多在几千米到几十千米之间，采用何种供电方式，与城市电网的构成及城市轨道交通线路的分布有密切的关系。供电系统的构成，在可行性研究阶段即需要与当地供电部门共同协商，得到确认，并请当地供电部门出具供电电源的可行性研究报告，为城市轨道交通供电系统初步设计提供充分的依据和可靠的基础，为后续工作的顺利开展创造条件。究竟采用哪种供电方式，主要取决于城市电网的构成、分布及电源的容量。城市轨道交通供电系统对城市电网是用户，对城轨交通的各类负荷又是电源。城市电网对城轨系统的供电方式可分为以下三种形式。

一、集中式供电

由城轨专门设置的主变电所集中为牵引变电所及降压变电所供电的方式称为集中式供电。如图 2-2 所示，沿着城轨交通线路，根据用电容量和城轨交通线路的长短，建设一座或几座地铁专用的主变电所。主变电所应有两路独立的电源，一般为 110kV 或 63kV，由发电厂或区域变电所对其供电。主变电所经过变压后，输出 AC35kV 或 AC10kV 的电压等级，给城轨交通的牵引和动力照明系统供电。

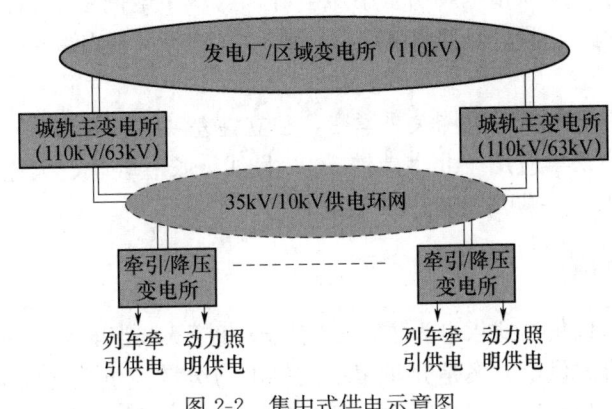

图 2-2 集中式供电示意图

集中式供电方案的主要特点如下：

（1）在城市轨道交通沿线，建设专用主变电所，集中为牵引变电所及降压变电所供电。

（2）城轨供电系统从城市电网引入高压电源，与城市电网接口比较少，每座主变电所只从城市电网引入两路独立的进线电源，外部电源电压等级一般为 110kV。

（3）城轨供电系统相对独立，自成系统，便于运营管理。

上海轨道交通 3 号线一期工程线路全长 24.97km，采用了集中式供电，与城市电网只有 2 座变电所即 4 路电源接口；而北京地铁 13 号线工程线路长度为 40.85km，采用了分散式供电，共设 8 座电源开闭所，与城市电网有 16 路电源接口。

上海、广州、南京、香港地铁等为集中式供电方案。

二、分散式供电

根据城轨供电系统的需要，在城轨沿线直接从城市电网引入多路电源，由区域变电所直接对城轨牵引变电所和降压变压所供电，称为分散供电。因为我国各大城市的电网在逐渐取消或改造 35kV 这一电压等级，因此这种供电方式多为从城市电网引入 10kV 电压等级。无论怎样构成分散式供电，都需要保证每座牵引变电所或降压变电所皆能获得双路电源。分散式供电系统如图 2-3 所示。

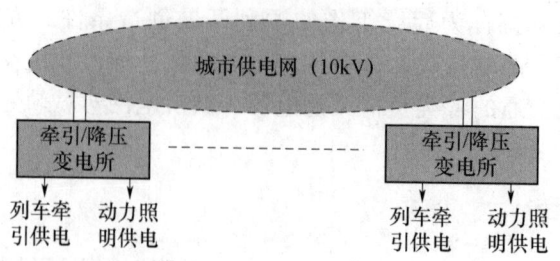

图 2-3 分散式供电示意图

分散式供电方案的主要特点如下：

(1) 在城市轨道交通沿线，直接从城市电网分散地引入多路中压电源作为城市轨道交通电源。

(2) 城轨供电系统从城市电网引入中压电源，与城市电网接口比较多，平均每 4~5 个车站就要引入两路电源。外部电源电压等级多为 10kV 电压级，也有少量的 35kV 电压级。

(3) 城轨供电系统与城市电网关系紧密，独立性差，运营管理相对复杂。

分散式供电方案最早应用于北京地铁 1、2 号线。长春轻轨、大连快轨，北京地铁 4、5、9 号线及 10 号线一期等为分散式供电方案。

三、混合式供电

混合式供电多指以集中式供电为主，个别地段直接从城市电网引入中压电源作为补充的供电方式。混合式供电方案是介于集中式供电与分散式供电之间的一种结合方案，根据城市电网现状、规划以及城市轨道交通自身的需要，吸收了集中式外部电源方案与分散式外部电源方案的各自优点，系统方案灵活，使供电系统完善和可靠。

当构建集中式供电方案时，在主变电所设置一定的情况下，如果线路末端中压网络压降不能满足要求，则可以从城市电网引入中压电源作为补充，这就构成了以集中式为主的混合式供电方案。武汉轨道交通一期工程采用了以集中式供电为主的混合式供电方案。

另外，当构建分散式供电方案时，如果沿线有城市轨道交通主变电所可以共享，那么也可以从该主变电所引入中压电源，作为城市电网中压电源点的补充，这就构成了以分散式为主的混合式供电方案。北京地铁 10 号线二期工程采用了以分散式为主的混合式供电方案。

总之，为保证系统的可靠性，无论采用哪种供电方式，构成系统时都应首先采用环网式供电方式。

四、城轨外部电源供电方式的比较

(一) 供电方案的比较

1. 供电质量

集中式供电的外部电源引自城市高压电网（如 110kV），电压等级高，输电容量大，系统短路容量大，抗干扰能力强，电网电压波动小。另外，城轨主变电所一般装设有载调压装置，因此中压侧电压相对稳定，供电质量高。

分散式供电的外部电源引自城市 10kV 电网，一般从距离城市轨道交通线路较近的城市电网变电所直接引入，输电线路较短，线路损耗较少；但由于 10kV 电压等级较低，用户较多，所以系统网络电压波动较大。

2. 供电可靠性

对于集中式供电，由于主变电所进线电压等级较高，电气设备的绝缘等级、制造水平、继电保护配置等要求都比较高，线路故障率相对较低。同时，城轨供电系统相对独立，与城市电网接口较少，城市其他负荷对城轨供电系统干扰较少，因而，集中式供电系统可靠性比较高。

对于分散式供电，城市轨道交通电源开闭所或车站变电所从城市电网直接引入 10kV 电源，这种接线方式满足系统可靠性要求。但由于城市电网 10kV 系统接入用户较多，且 10kV 系统处于城市电网继电保护的中末端，因此城轨供电系统的运行会受到其他用户的干扰。

3. 中压网络电压

对于集中式供电，中压网络的电压等级不受城市电网电压等级的限制，可根据用电负荷、供电距离等情况比选确定。目前集中式供电的中压网络电压等级较高，一般为 35kV。这样可以提高系统的供电能力与供电可靠性，同时可以降低供电线路的功率损耗。

对于分散式供电，中压网络的电压等级完全受城市电网电压等级的制约，必须选择与城市电网相同的电压等级。目前我国多采用 10kV 电压等级。

4. 对城市电网的影响

城轨供电系统对城市电网的影响主要表现在谐波影响和网络电压波动两个方面。目前，牵引整流机组一般采用双机组等效 24 脉波整流装置。由谐波理论可知，牵引整流机组的脉波数越高，产生的低次谐波就越少。因此，无论采用集中式供电还是分散式供电，城市轨道交通直流牵引系统注入城市电网的谐波含量都非常低，对城市电网影响非常小。但相对而言，采用集中式供电时，高次谐波经过多级变电所变换、分流以后，注入城市电网的谐波含量将会更少。

在网络电压波动方面，由于城市轨道交通牵引系统是一个实时变化的移动负荷，电源电压将会受到一定的影响。采用集中式供电时，主变压器容量近期一般为 20~31.5MV·A，远期一般为 40~63MV·A。牵引负荷产生的电压波动和闪变在城轨供电系统内部经过两级变压器的转换，逐渐变得平衡，对城市电网其他用户的影响相对要少得多。采用分散式供电时，牵引变电所直接接入城市 10kV 电网，牵引负荷产生的网络电压波动经过一级变压器转换后就会波及与城市轨道交通接入同一供电系统的其他用户，如果该变压器容量较小，那么产生的影响就会更明显。

5. 资源共享

电力资源共享、满足环境保护要求是城轨供电系统的发展方向。

采用集中式供电，有利于主变电所电力资源共享的实施。具体来说，一方面两条及以上数量的城市轨道交通线路可以共享一个主变电所；另一方面城市轨道交通主变电所可与城市电网主变电所合建，向城市轨道交通系统及地区用户同时提供电源。

对于中压网络资源丰富的城市，城市轨道交通采用分散式供电，可以充分利用既有外部城市电网中压资源，节省城市轨道交通主变电所的建设费用。

6. 工程实施

采用集中式供电时，城轨主变电所与城市电网接口较少，外部电源引入路径相对较少，建设单位与城市规划部门的协调工作也相对较少，易于实施。如上海轨道交通 3 号线工程只需找到 4 条电缆的敷设路径；而北京地铁 13 号线西段工程则需要找到 10 条电缆的敷设路径。另外，由于集中式供电系统与城市电网接口较少，相对独立，城市轨道交通系统向城市电力部门的用电申请也容易协调，操作简便。

采用分散式供电时，由于城轨供电系统与城市电网接口较多，难免有部分电源电缆的敷设路径难以解决，尤其在中心城区，地下各种管线及构筑物交错庞杂，电缆路径更是难以解决。如果改变电源开闭所位置或电源电缆路径，供电质量与末端电压就难以保证。另外，中心城区城市电网变电站负荷相对饱和，如果新增城市轨道交通这样的大用户，供电容量有时也难以满足需求。

（二）城市电网条件的比较

（1）当沿线城市电网具有中压供电能力时，城市轨道交通可以从城市电网直接得到需要的中压电源点，这种条件下可以采用分散式供电方案。

（2）当沿线城市电网中压供电能力不足时，城市轨道交通难以从城市电网直接得到需要的中压电源点，但沿线具备 110kV 或其他高压输电能力，这种条件下就可以采用集中式供电方案。

（3）对于集中式为主的混合式供电方案，一般在线路末端或车辆段等地方能引入城市电网中压电源作为补充；对于分散式为主的混合式供电方案，则要求绝大部分线路能够得到城市电网中压电源，且沿线资源共享的城轨主变电所还能提供中压电源作为补充。

（三）工程投资的比较

资金是城市轨道交通建设的关键问题。控制工程投资是城轨供电系统设计必须考虑的。

对于集中式供电来说，除电源外线的投资外，还要建设主变电所。集中式供电的电源外线电压等级高，一般为 110kV。主变电所的投资包括土建与设备两大部分。对于集中式供电，设备电压等级高，绝缘要求高，容量较大，价格较高。对于分散式供电，电源外线电压等级低，一般为 10kV，而且电源开闭所与牵引变电所合建，设备要求也相对简单一些。

总之，综合考虑电源外线及主变电所（电源开闭所）的电压等级、绝缘水平、设备容量、土建费用等，集中式供电方案的工程投资要大一些。但是随着城市轨道交通网络化及城市轨道交通主变电所资源共享的发展，一个主变电所还可以为两条及以上线路提供电源，这样后续工程就可以减少主变电所投资。因此，从网络化发展角度来看，采用集中式供电方案整体上还是比较合适的。

（四）运营管理的比较

当采用集中式供电时，外部电源点引入少，城轨供电系统与城市电网的接口较少，系统相对独立，如果发生故障需要改变其运行方式，那么属于系统内部调整，易于调度，操作方便，工作效率较高。

采用分散式供电时，因城轨供电系统与城市电网的接口较多，关系复杂，同一条城市轨道交通线路的电源引入点往往涉及城市多个行政区域，如果城轨供电系统发生故障需要改变运行方式，则需要与相关城区电力部门协调配合，才能改变其运行方式，工作效率明显降低。另外，电源开闭所进线开关与分段开关有时受城市电力部门的管理与制约，城市轨道交通内部操作不便。

除上述调度操作外，集中式供电相对于分散式供电，电力部门与城市轨道交通产权划分更明晰、计量计费更方便、维护维修更简单。

对于具体工程，究竟是采用何种形式的外部电源方案，应在计算确定用电负荷之后，根据城市轨道交通线网规划、城市电网构成特点、工程实际情况等综合比选确定。

任务三 主变电所

对于集中式外部电源供电方案，应建设城轨交通系统专用主变电所。城轨主变电所的功能是接受城市电网高压电源，经降压后为牵引变电所、降压变电所提供中压电源。

一、主变电所的位置选择

主变电所的位置、容量的确定，应根据牵引供电系统计算和供配电系统计算结果确定，最终应征得供电、规划部门的确认，遵循靠近线路、负荷平衡、资源共享的原则，达到节能的效果。主变电所运行时要接入城市电网，需通过城市供电部门的审查。

主变电所位置的选择，应按下述原则确定：

（1）城市轨道交通供电系统的主变电所能够保证向轨道交通的各用电设备安全可靠供电。

（2）每座主变电所必须由地区变电站提供两路独立供电线路，以保证供电可靠性和供电质量。

（3）各主变电所的负荷平衡，并使其两侧的供电距离基本相同。

（4）主变电所的分布，应根据规划线网的实际情况，从全局出发，以整体线网观念去布局设置，便于主变电所资源共享。应尽量靠近城市轨道交通线路、接近负荷中心；靠近城市轨道交通车站，以缩短电缆通道的距离，减少和城市地下管网的交叉和干扰，具体位置应与城市供电部门和规划部门共同商讨确定。

（5）供电系统在满足供电要求的前提下，要充分结合外部电源的分布条件，以节省外部电源的投资，应考虑路网规划与其他城市轨道交通线路资源共享，并预留电缆通道和容量。

（6）主变电所的所址应符合城市总体规划用地布局要求、便于进出线、避开易燃易爆区和严重污秽区、具有良好的地质条件等。

二、主变电所的设备

变电所内的电气设备按所属电路性质分为两大类：一次高压电路中所有的电气设备，即为一次设备；二次控制、信号和测量电路中的所有电气设备即为二次设备。二次设备通常由电流互感器、电压互感器、测量仪表、继电保护装置、远动装置、蓄电池组成，采用低压电源供电。

一次设备按其在一次电路中的功用又可分为变换设备、控制设备、保护设备、补偿设备和成套设备等类型。

（一）变换设备

变换设备是用以变换电能电压或电流的设备，如电力变压器、整流器、电压互感器、电流互感器等。

（二）控制设备

控制设备是用以控制电路通断的设备，如各种高、低压开关设备。

（三）保护设备

保护设备是用以防护电路过电流或过电压的设备，如高、低压熔断器和避雷器等。

（四）补偿设备

补偿设备是用以补偿电路的无功功率以提高系统功率因数的设备，如高、低压电容器，静止无功补偿装置等。

（五）成套设备

成套设备是按一定的线路方案将有关一次、二次设备组合而成的设备，如高压开关柜，低压配电屏，高、低压电容器柜和成套变电站等。

为减少占地面积，主变电所应设计成室内式。它的主要设备是两台主变压器和两台自用电变压器。主变压器应按城市轨道交通远期最大运量设计。

主变电所宜选用 SF_6 绝缘全封闭组合电器（GIS），以减少占地面积。变电所的平面布置应紧凑，便于设备运输、安装和运行维护。因主变电所的负荷为直流牵引负荷和低压动力照明负荷，城轨用电已采取功率因数补偿措施，主变电所无须另设电容补偿装置。根据需要可设置电能有源恢复系统，以补偿 50 次以下谐波及补偿基波的容性或感性无功电流。

主变电所按三级控制设计，即就地、距离和远动，二次回路应与城轨交通牵引变电所相协调，采用综合自动化系统。近期为有人值守，条件成熟时也可以考虑无人值守。

三、主变电所的运行方式

主变电所有三种主要运行方式：正常运行方式；单故障运行方式；主变电所退出运行方式。

（一）正常运行方式

在正常情况下，每座主变电所各自承担所辖范围内所有变电所的负荷，向所辖供电分区内的牵引变电所、降压变电所供电。

（二）单故障运行方式

主变电所的单故障类型有三种：主变电所一个进线电源失电；单台主变压器退出；主变电所一段中压母线发生故障。

1. 主变电所一个进线电源失电

当主变电所一个进线电源失电后，由另一个进线电源向分挂在两段母线上的两台主变压器供电,承担本主变电所范围内的全部一、二级负荷。

2. 单台主变压器退出

当单台主变压器退出后,由另一台主变压器承担本主变电所范围内的全部一、二级用电负荷。

3. 主变电所一段中压母线发生故障

当一段中压母线发生故障时,该段母线上的进线开关跳闸,同时该段母线上馈线所接的第一级变电所进线开关也应失压跳闸;主变电所的另一段中压母线继续供电。

(三) 主变电所退出运行方式

当一座主变电所退出后,首先应将该主变电所所有馈出开关分闸,将该主变电所和中压网络电气隔离,使该主变电所处于无电状态;此时,通过两个主变电所之间的供电分区间的联络电缆,由相邻主变电所向该主变电所供电,承担该主变电所所辖范围内一定的用电负荷。

四、主变电所的主接线

每座主变电所从城市电网引入两路独立的 110kV 或 63kV 电源。当一路电源故障时,另一路能承担重新调度后供电分区内全部一、二级负荷。

主变电所高压侧宜为内桥式接线,设桥路开关,如考虑经济因素,也可以采用线路变压器组接线。中压侧单母线分段,设分段开关,失压自投,故障闭锁。桥路开关和分段开关正常处于断开状态。

从主变电所至城市轨道交通车站应设电缆通道,电缆通道断面尺寸不小于 2m×2m。

图 2-4 中,两路高压电源、两台主变压器可以是线路变压器组接线,也可以是内桥接线,中压侧设接地变压器,以限制接地短路电流。

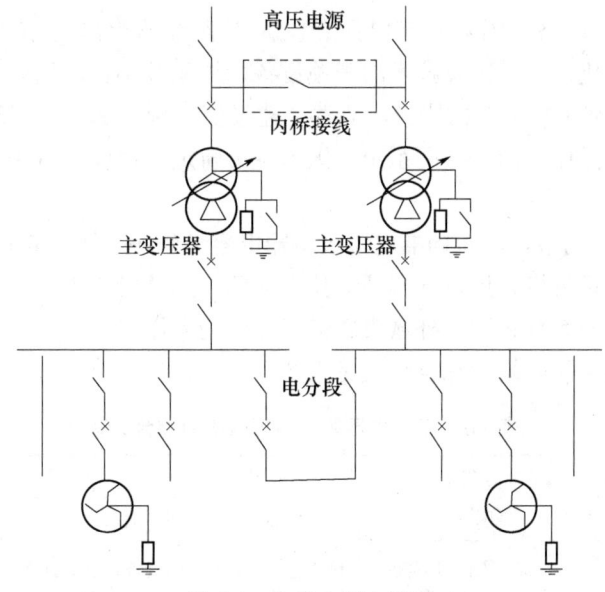

图 2-4 主变电所主接线

任务四　中压供电网络

中压供电网络不是供电系统中的子系统，但它是供电系统设计的核心内容，涉及外部电源方案、主变电所的位置及数量、牵引变电所及降压变电所的数量、牵引变电所与降压变电所的主接线等。

通过中压电缆，纵向把上级主变电所和下级牵引变电所、降压变电所连接起来，横向把全线的各个牵引变电所、降压变电所连接起来，便构成了中压供电网络，其功能类似于电力系统中的输电线路。

中压供电网络有两大属性：一是电压等级；二是构成形式。国内地铁均采用双环网形式构成供电系统。

一、中压供电网络的电压等级

我国现行中压配电标准电压等级有 35kV、33kV、20kV、10kV、6kV 和 3kV。不同电压等级的中压网络具有如下特点：

(1) 35kV 中压网络，国家标准电压级。输电容量较大，距离较长；设备来源于国内；设备体积较大，占用变电所面积较大，不利于减小车站体量；设备价格适中；国内没有环网开关，因而不能用相对于断路器柜价格较便宜的环网开关，构成接线与保护简单、操作灵活的环网系统；广州地铁、上海地铁等已经普遍采用。

(2) 33kV 中压网络，国际标准电压级。输电容量较大，距离较长，基本与 35kV 一致；设备来源于国外，不利于国产化；国外开关设备体积较小、价格较高；广州、上海地铁部分先期建设线路有所采用。

(3) 20kV 中压网络，国际标准电压级。输电容量及距离适中，比 10kV 系统大。设备完全实现国产化；引进国外技术的开关设备，体积较小，占用变电所面积远小于国产 35kV 设备，有利于减少车站体量，节省土建投资；价格适中；有环网单元，能构成接线与保护简单、操作灵活的环网系统；国内城市轨道交通尚没有采用，但国外城市轨道交通普遍采用。

(4) 10kV 中压网络，国家标准电压级。输电容量较小、距离较短；设备来源国内；设备体积适中；设备价格较低；环网开关技术成熟，运营经验丰富，可用其构成保护简单、操作灵活的环网系统；国内外城市轨道交通广为采用。

不同电压等级中压网络的综合比较见表 2-1。

表 2-1　不同电压等级中压网络的综合比较

序号	项　目	35kV	33kV	20kV	10kV
1	适用标准	国家标准	国际标准	国家、国际标准	国家、国际标准
2	对外部电压等级要求	城市电网可以没有 35kV	城市电网可以没有 33kV	城市电网可以没有 20kV	一般城市电网均已有 10kV
3	设备国产化	国　内	国　外	国　内	国　内

续表

序号	项目	35kV	33kV	20kV	10kV
4	环网柜情况	无环网柜	有环网柜	有环网柜	有环网柜
5	设备尺寸及占用变电所面积	较大,不利于减小车站体量	较小(C-GIS),利于减小车站体量	较小,利于减小车站体量,节省土建投资	较小,利于减小车站体量
6	设备价格	适中	最高	适中,比35kV低	最低
7	输电容量	较大	较大	适中,比10kV大	较小
8	输电距离	较长	较长	适中,比10kV长	较短
9	城市轨道交通应用	国内有采用	国内外有采用	国外有采用	国内外有采用

二、中压供电网络的构成形式

(一) 构成原则

尽管构成中压供电网络的电压级和形式不同,但都应符合以下四条原则:
(1) 安全可靠,经济合理,满足供用电的要求。
(2) 接线简单,负荷平衡,保护完善。
(3) 环网供电,调度方便,误操作机会为零。
(4) 各种变电所皆为双电源,主接线尽可能一致。

(二) 构成形式

中压网络的构成形式与城市轨道交通供电系统的外部电源供电方式有关。就集中式供电而言,中压网络的构成形式为树形(二叉树)结构,如图2-5所示。而对于分散式供电来讲,中压网络的构成形式一般采用点对点的结构,如图2-6所示。

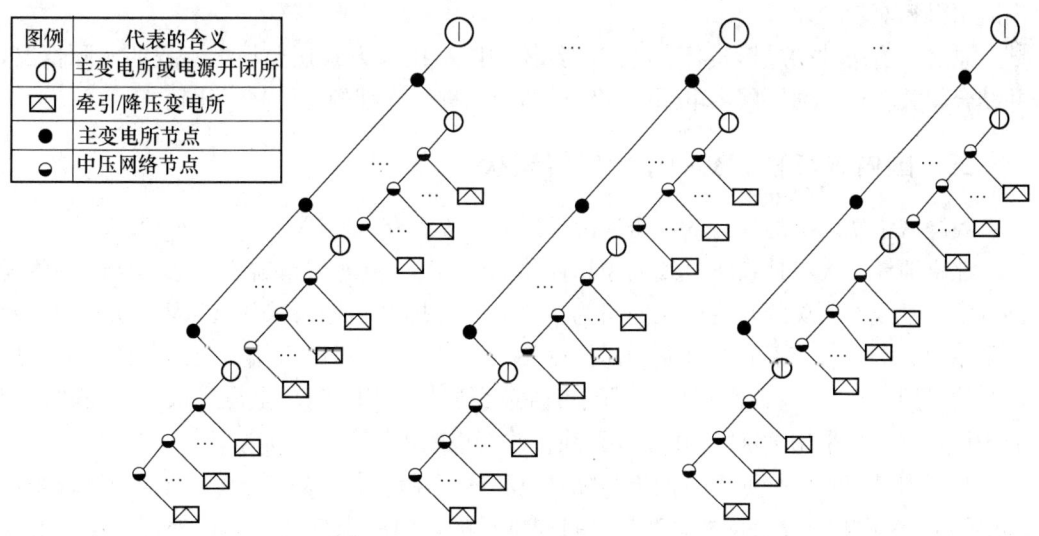

图 2-5 中压网络树形结构示意图(一)

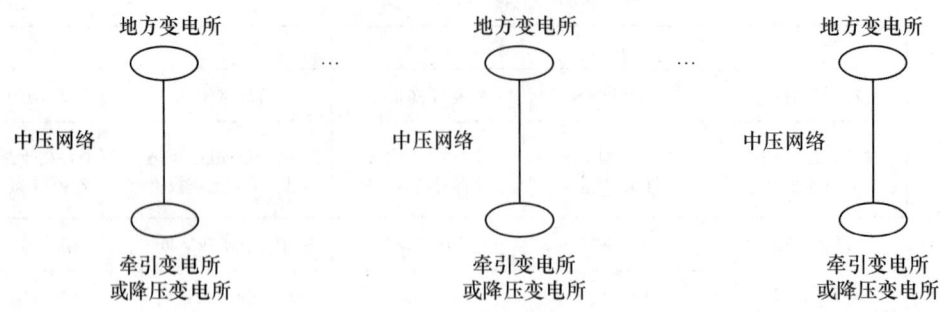

图 2-6　中压网络树形结构示意图（二）

目前，在各个城市的轨道交通建设中，供电系统多采用集中供电方式，所以其中压网络的构成形式主要以树形结构为主。

树形结构的构成形式相对比较灵活，形式也多种多样。根据用电负荷的性质，树形结构大致可分为两种：一种是混合网络构架，是指由主变电所提供的中压电源通过同一中压网络路径直接分配给牵引供电系统和动力照明供电系统这两个子系统。这种构成形式的优点是网络结构简单，设备的利用率较高，投资相对节省；其缺点是事故影响范围较大，排除故障相对复杂。采用这种构成形式的工程有上海地铁（1号线除外）、广州地铁、天津地铁等，国内新建项目基本上多采用这种中压网络构架。另一种是独立网络构架，是指由主变电所或电源开闭所提供的中压电能通过两个相互独立的中压网络路径，分别分配给牵引供电系统和动力照明供电系统这两个子系统，即两级网络构架是由牵引整流和动力照明两个子网络组成。这种构成形式的优点是中压网络供电质量高，网络接线结构清晰，子系统间电气部分相互独立、干扰小，事故影响范围小；其缺点是网络结构复杂，设备投资相对较高。采用这种接线的工程有上海地铁1号线（不是典型接线方式，但具有独立网络构架的特点）、我国香港地铁和伊朗地铁等。这种网络构架国内应用得相对较少。

总之，这两种构成形式各有特点。具体的网络接线方式还要根据工程的实际情况，并结合相关轨道交通路网供电系统的组成结构，进行详细的经济技术比较。

三、国内城市轨道交通中压网络现状

我国城市轨道交通现行的中压环网标准电压等级有：35kV、20kV、10kV。

北京地铁、天津地铁1号线的中压网络为10kV；上海城市轨道交通早期的一些线路（如1号线、明珠线）的中压网络为35/10kV（即牵引网络采用35kV，动力照明网络采用10kV），近年新建的线路中压网络均为35kV；广州城市轨道交通各条线路中压网络均采用了33kV，而南京、深圳城市轨道交通均采用35kV电压等级；苏州轨道交通中压网络曾拟采用20kV，由于线路线位改变也改用35kV电压等级。

从国内城市轨道交通中压网络实际建设和运营经验看，城市轨道交通中压网络采用35kV和10kV电压等级技术上都是成熟和可行的，但应根据各个城市外部电源情况和线网规划情况综合考虑确定。

国内已经投入运营的部分线路情况统计见表2-2。

表 2-2 国内已经投入运营的部分线路情况统计

城市轨道交通线路	中压网络构成与电压等级		
	混合网络	牵引网络	动力照明网络
北京地铁 1、2、5、13 号线，八通线	10kV		
长春轨道交通一、二期	10kV		
大连快速轨道交通 3 号线	10kV		
武汉轨道交通 1 号线	10kV		
重庆轨道交通"较新线"	10kV		
天津地铁 1 号线	10kV		
广州地铁 1、2、3、4 号线	33kV		
天津滨海快速轨道交通	35kV		
南京地铁 1、2 号线	35kV		
深圳地铁 1、4 号线	35kV		
上海轨道交通 1、2 号线		33kV	10kV
上海轨道交通 3、4 号线		35kV	10kV
上海轨道交通 5、6、8、9 号线	35kV		

地铁供电系统的中压供电网络也可以采用 20kV 电压等级，因为它的优点在于输送容量较大、设备体积较小、有环网开关、可构成环网供电方式、设备可以国产化且价格适中。

【复习与思考】

练习：

1. 城轨交通供电系统对电源有哪些要求？
2. 城轨交通供电系统的电源电压等级有哪几种？
3. 城市轨道交通供电系统为什么会产生谐波？如何治理？
4. 外部供电系统对城轨交通的供电方式有哪几种？各有什么特点？
5. 城轨交通主变电所的位置应该如何选择？
6. 城轨交通主变电所的运行方式有几种？
7. 什么是中压网络？
8. 中压网络有哪些电压等级？
9. 中压网络有哪些构成形式？

想一想：

1. 城市轨道交通对外部供电系统有哪些要求？为什么要有这些要求？
2. 城市轨道交通外部供电系统的电源有哪些等级？应用现状是怎样的？
3. 无功功率有什么危害？如何补偿？
4. 城市轨道交通外部供电系统对牵引系统有哪几种供电方式？各有什么特点？各种供电方式分别适用于怎样的场合？
5. 为保证城市轨道交通系统的可靠性和高质量供电，主变电所的数量和位置，以及电气主接线应如何确定？

项目三 牵引变电所的主要电气设备

【知识目标】

1. 了解牵引变电所的类型和原理；
2. 掌握牵引变电所的设备分类；
3. 掌握变换设备的种类和各自结构、原理；
4. 掌握各种高压开关控制设备的结构、原理及使用注意事项；
6. 了解高压成套配电装置的结构。

【能力目标】

1. 能辨别牵引变电所的各种设备并说明其作用和原理；
2. 能画出整流机组的原理示意图并说明其原理；
3. 能辨别各种互感器且会使用互感器；
4. 能拆装几种常见的高压开关电器，并能说明其结构和原理；
5. 能看懂各种电气设备的型号。

【问题导入】

牵引变电所是城市轨道交通供电系统的心脏。它既变电，又供电。它将主变电所或城市电网中的中压交流电源变压整流后，经馈电线送至接触网，再经过受流设备进入城轨电动车组，作为驱动城轨电动车组牵引电机的电源。一旦牵引变电所发生故障，将中断区间和车站的行车工作，影响全线的运输秩序。为了保证牵引变电所安全供电和城市轨道交通系统的正常运行，牵引变电所需要配备哪些类型的电气设备？这些电气设备的结构和原理是怎样的？能够实现什么样的功能？使用的时候要注意哪些问题呢？

任务一 牵引变电所概述

牵引变电所是城市轨道交通供电系统的心脏。它将主变电所或城市电网中的中压交流电源变为直流1500V后，经馈电线送至接触网，再经过受流设备进入城轨电动车组，作为驱动城轨电动车组牵引电机的电源。一旦牵引变电所发生故障，将中断区间和车站的行车工作，影响全线的运输秩序。

一、牵引变电所的类型和原理

牵引变电所既变电又供电，是城轨牵引供电系统的核心，它担负对电动列车提供电能的任务，它的站位设置、容量大小，需根据所采用的车辆形式、车流密度、列车编组，经过牵引供电计算，经多方案比选确定。牵引变电所有两种形式：户内式变电所和户外式箱式变电所，前者适宜地下线路，后者适宜地面线路。

直流牵引变电所从双电源受电，经整流机组变压器降压、分相后，按一定整流接线方式由大功率硅整流器把三相交流电变换为与直流牵引网相应电压等级的直流电，向电动列车组供电。

地铁、城市轻轨交通直流牵引变电所，有时常与向车站、区间供电的降压变电所合并，形成牵引、降压混合变电所。此时，主电路结构和电气设备与一般直流牵引所相比有所不同。

在有再生电能需向交流网返送的情况下，直流牵引变电所必须增设可控硅逆变机组（包括交流侧的自耦变压器），其功能和设备也应相应增加，运行、技术都较复杂。直流牵引变电所间距离仅几千米，一般不设分区所和开闭所。

二、直流牵引变电所的设备分类

为了实现牵引变电所的受电、变电和配电的功能，在牵引变电所中，必须把各种电气设备按一定的接线方案连接起来，组成一个完整的供配电系统。在这个系统中担负输送、变换和分配电能任务的电路称为主电路，也叫一次电路；用来控制、指示、监测和保护主电路及其主电路中设备运行的电路称为二次电路（二次回路）。相应地，牵引变电所中的电气设备也分成两大类：一次电路中的所有电气设备，称为一次设备或一次元件；二次电路中的所有电气设备，称为二次设备或二次元件。二次设备通常由电流互感器、电压互感器、测量仪表、继电保护装置、远动装置、蓄电池组成，采用低压电源供电。

一次设备按其在一次电路中的功用可分为变换设备、开关控制设备、保护设备、补偿设备和成套设备等类型。

任务二　变换设备

变换设备可分为整流机组和互感器两大类。

一、整流机组

整流机组由变压器和整流器构成。变压器接受中压开关设备提供的中压电压，经过降压，为整流器提供适合的低压交流电源；整流器则将交流电源整流为电动车组所需要的直流电源。

整流机组是牵引变电所的核心设备，是列车高速、安全、可靠、经济、节电运行的保证。整流机组需要变压器和整流器两种完全不同的设备相互匹配，才能实现良好的整体性能。

（一）变压器

1. 作用和原理

变压器（文字符号为 T 或 TM）是牵引变电所中实现电能输送、电压变换，满足不同电压等级负荷要求的核心设备之一，使用最多的是三相油浸式电力变压器和环氧树脂浇注式干式变压器。

单相变压器的工作原理如图 3-1 所示。它是一种按电磁感应原理工作的电气设备。一个单相变压器的原边、副边两个线圈绕在同一个铁芯上，副边开路，原边施加交流电压 U_1，则原边线圈中流过电流 I_1，在铁芯中产生磁通和感应电动势 E_1。磁通穿过副边线圈在铁芯中闭合，在副边感应产生另一个

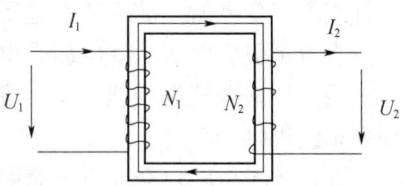

图 3-1 单相变压器原理示意图

电动势 E_2。当变压器副边接通电路后，在电势的作用下将有副边电流 I_2 通过，这样负载两端会有一个电压降 U_2，电压降 U_2 约等于 E_2，U_1 约等于 E_1，所以

$$U_1/U_2 = E_1/E_2 = N_1/N_2 = K$$

式中　U_1，U_2——原、副边线圈的端电压；

　　　N_1，N_2——原、副边线圈的匝数；

　　　E_1，E_2——原副边感应电动势；

　　　K——变压器的变比。

由上式可以看出，由于变压器原、副边匝数不同，因而起到变换电压的作用。变压器的电压变比是绕组的匝数比，电流变比是绕组匝数比的倒数。根据上述原理可以制造出单相、三相等各种变压器。

2. 变压器的构造

电力变压器根据容量、电压等级、线圈匝数的不同，外形和附件不完全相同，但主要部件基本上是相同的。变压器的外形和结构如图 3-2 所示。

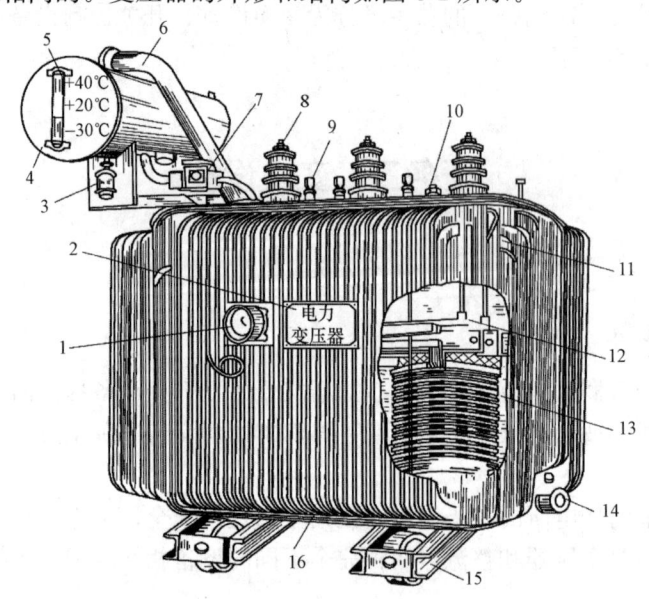

图 3-2　油浸式三相变压器的结构

1—信号温度计；2—铭牌；3—呼吸器；4—油枕；5—油标；
6—安全气道；7—气体继电器；8—高压套管；9—低压套管；10—分接开关；
11—油箱；12—铁芯；13—绕组；14—放油阀；15—小车；16—接地端子

变压器的主要部件及其功能如下。

(1) 铁芯。铁芯是用导磁性能良好的硅钢片叠装组成，它形成一个磁通闭合回路，变压器的一、二次绕组都绕在铁芯上。

(2) 线圈。线圈又称为绕组，是变压器的导电回路。线圈绕在铁芯柱上，线圈用铜导线或铝导线绕成多层圆筒形，导线外边包有绝缘材料，形成导线之间及导线对地的绝缘。

(3) 油箱。油箱是变压器的外壳，内部充满变压器油，铁芯和绕组都安装在油箱内，铁芯和绕组浸在油中。变压器油是绝缘的，它一方面起绝缘作用，另一方面起散热作用。变压器的一些部件安装在油箱上。

(4) 油枕。油枕也称油柜，上部有加油孔。变压器油因温度变化会发生热胀冷缩现象，油面也将随温度的变化而上升或下降。油枕的作用是储油与补油，保证变压器油箱内充满油，同时油枕缩小了变压器与空气的接触面，降低了油的老化速度。油枕侧面装有油位计，可以监视油的变化。

(5) 呼吸器。呼吸器由一根铁管和玻璃容器组成，内装干燥剂（如硅胶）。当油枕内的空气随变压器油的体积膨胀或缩小时，排出或吸入的空气都经过呼吸器，呼吸器内的干燥剂吸收空气中的水分，对空气起过滤作用，从而保持油的清洁和变压器内部绕组的绝缘性能。

(6) 防爆装置。防爆装置有防爆管和压力释放装置两种。防爆装置是安装在变压器顶盖上的，当变压器内部发生故障，变压器油剧烈分解产生大量气体，使油箱内压力剧增时，防爆装置将油及气体排出，防止变压器油箱爆炸或变形。

(7) 散热器。散热器装在油箱壁上，上下有管道与油箱相通，变压器上部油温与下部油温有温差时，通过散热器形成油的对流，经散热器冷却后流回油箱，起到降低变压器油温的作用，为了提高冷却效果，可以采用自冷、强迫风冷和强迫水冷等措施。

(8) 绝缘套管。变压器绕组的引出线采用绝缘套管，以便与箱体绝缘。绝缘管有纯瓷、充油和电容等不同形式。套管内有导体，用于变压器一、二次绕组接入和引出端的固定和绝缘。

(9) 瓦斯继电器。瓦斯继电器又称为气体继电器，是变压器内部故障的主保护装置，它装在油箱和油枕的连接管上，当变压器内部发生严重故障时，瓦斯继电器接通断路器跳闸回路；当变压器内部发生不严重故障时，瓦斯继电器接通故障信号回路。

(10) 温度计。温度计用来测量油箱里上层油温，监视变压器运行是否正常。

(11) 调压装置。调压装置是为了保证变压器二次侧电压而设置的。当电源电压变动时，利用调压装置调节变压器的二次电压。调压装置分为有载调压和无载调压两种。有载调压可以在变压器带负载的状态下进行电压调节，而无载调压装置的调压必须在不带负载时才能进行操作。

3. 变压器的主要技术参数

(1) 额定电压 U_N。额定电压包括变压器一次侧和二次侧的额定电压 U_{N1} 和 U_{N2}。变压器的二次侧额定电压 U_{N2} 是指变压器空载状态下当一次线圈加其额定电压 U_{N1} 时，获得的二次侧线圈端电压。

(2) 额定电流 I_N。额定电流指线圈额定电流。

(3) 额定容量 S_N。额定容量是指变压器在额定电压和额定电流的条件下,连续运行时输送的容量。单相变压器的额定容量为 $S_N=U_N I_N$;三相变压器的额定容量为 $S_N=\sqrt{3}U_N I_N$。这里的 U_N 和 I_N 为相应变压器的额定线电压和额定线电流。

(4) 变比 K。变比是指变压器一次绕组额定电压和二次绕组额定电压之比,也是变压器一次绕组和二次绕组线圈匝数之比。

(5) 铜损 ΔS_0。铜损是指变压器一次、二次额定电流流过绕组时产生的能量损耗。

(6) 铁损 ΔS_k。铁损是指变压器在额定电压下,在铁芯中产生的能量损耗。

(7) 阻抗电压降 U_0(%)。阻抗电压降是指变压器在二次绕组短接的情况下,一次绕组中流过额定电流时引起的电压降。一般以百分数表示。

(8) 空载电流 I_K(%)。空载电流是指变压器在额定电压下空载运行时,一次绕组中流过的电流,一般以百分数表示。

(9) 连接组别。连接组别是指三相变压器一次绕组与二次绕组连接的方式,如星形(Y)连接、三角形(△)连接。

4. 变压器的分类

变压器的分类方法很多,主要有以下几种:

(1) 按变压器的应用方式,分为升压变压器和降压变压器。

(2) 按变压器的相数,分为单相变压器、三相变压器、多相变压器。

(3) 按线圈形式,分为单线圈变压器(自耦变压器)、双线圈变压器、三线圈变压器。

(4) 按变压器铁芯和线圈的相对位置,分为心式变压器和壳式变压器两种。心式变压器的线圈包在铁芯的外围,壳式变压器的铁芯包在线圈的外围。

(5) 按变压器绝缘和冷却方式,分为油浸式、干式和充气式三种。

油浸式变压器的铁芯和线圈都浸在盛满变压器油的油箱中,用油绝缘。冷却方式有自冷、强迫风冷、水冷或强迫油循环冷却等形式。

充气式变压器的器身放在一密封的铁箱内,箱内充以特种气体,箱内的气体通过热交换器冷却。

干式变压器绕组置于气体中(一般置于空气或六氟化硫气体中),或是浇注环氧树脂绝缘。目前,城市轨道交通供电系统牵引变电所多采用浇注环氧树脂绝缘。

环氧树脂浇注的干式变压器有很多优点,它具有难燃、自熄、耐尘、耐潮、机械强度高、体积小、质量轻、损耗小、噪声低等诸多优点。315kV·A 的环氧树脂浇注的干式变压器的噪声在 10m 处测量只有 57dB。绕组由于采用环氧树脂浇注,其机械强度也很高。图 3-3 所示就是环氧树脂浇注的三相干式配电变压器。

(6) 按调压装置的种类,分为有载调压变压器和无载调压变压器。

(二) 整流器

1. 作用和原理

整流,就是把交流电变为直流电的过程。它利用具有单向导电特性的器件,如二极管、晶闸管等,可以把方向和大小交变的电流变换为直流电。

整流器的作用就是将交流电变成直流电供电动车辆的牵引电动机使用。为了提高直

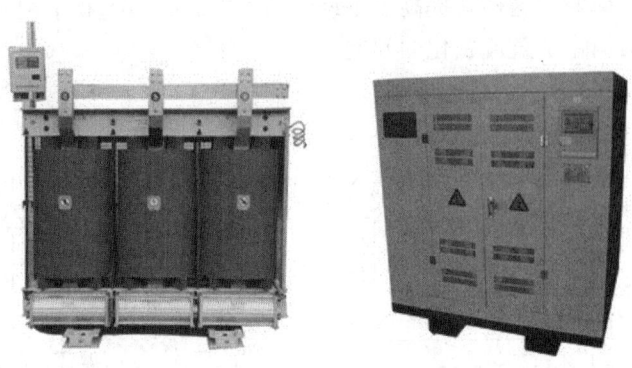

图 3-3　SCB10-50kV·A10kV 三相干式配电变压器

流电的质量，降低直流电源的脉动量，通常采用多相整流的方法，它可以是六相、十二相整流，还可以增加到二十四相整流。

最基本的整流工作原理如下：

（1）三相半波整流电路。整流变压器的二次侧三相绕组接成星形连接，三相半波整流电路如图 3-4 所示。在任何时刻，相电压最高的一相的整流管导通，此时整流电压即为该相的瞬时电压。

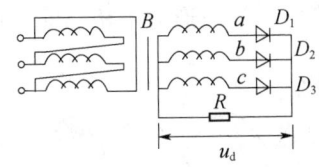

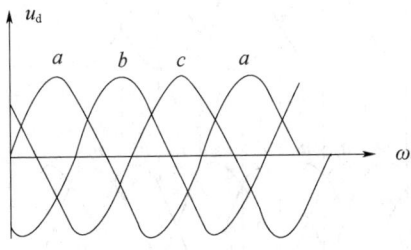

图 3-4　三相半波整流电路

这种线路的特点为：

① 变压器副边每相绕组只导通 1/3 周期，即相差 120°电角度，利用率较差。

② 整流管承受的反向电压高。当一个整流管导通时，另外两个整流管必承受反向电压，其值为副边绕组线电压。

③ 变压器绕组总是通过单方向电流，引起直流磁化，造成铁芯饱和，必要求加大铁芯尺寸，且漏抗增大，损耗增大。

以上电路属共阴极接线，即三相整流管的阴极连在一起。

要改善以上整流电路，首先可以设想有两组负荷相近的整流电路，但是一组为共阴极接线，另一组为共阳极接线，此时整流电路的工作情况就有所改善。

如图 3-5 所示，两组整流器共用一组三相副边绕组，对每相绕组通过的电流方向依次相反，各占 1/3 周期，这样就提高了各绕组的通电时间，提高了利用率，而且先后的电流是相反的，又消除了直流磁化的问题。

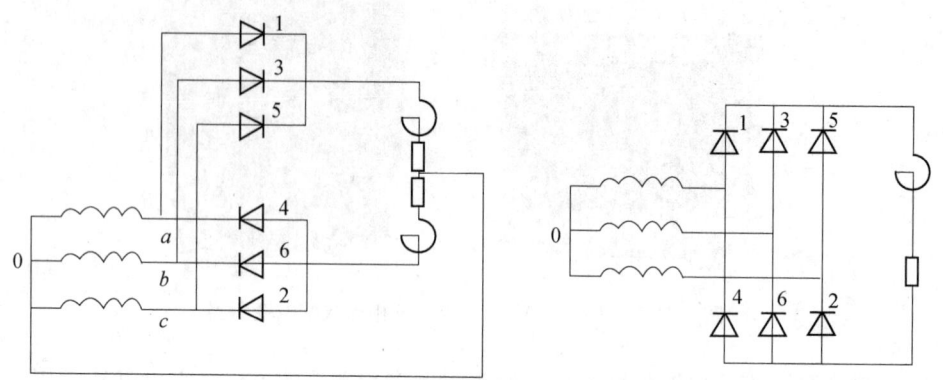

图 3-5 三相半波共阴极组与共阳极组串联电路

（2）三相桥式整流电路。以上接线中两组半波整流的负荷电流数值相等，如将两组负荷叠加为一个，则成为三相桥式整流电路。

桥式整流电路对同样变压器绕组来说，其整流电压升高一倍，反之，如整流电压保持一定，则变压器绕组电压可以降低，因而整流元件承受的反向电压可以低些。三相桥式整流变压器无直流磁化问题。整流电压的波形为六相脉动波形，如图 3-6 所示。

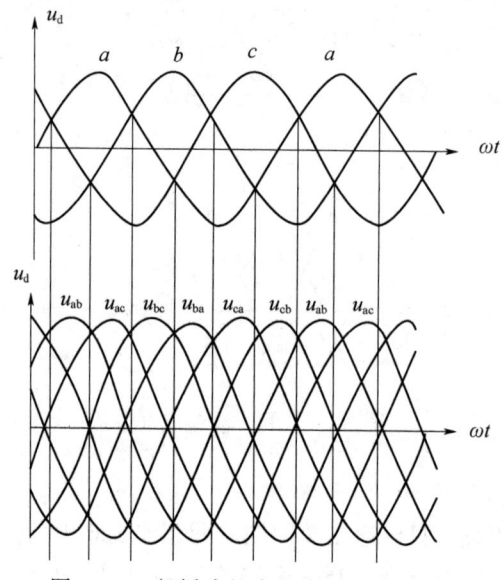

图 3-6 三相桥式整流电路整流电压波形

2. 整流器构造

整流器由大功率二极管及其散热器、保护元件、故障显示元件、通信接口等组成。整流器要求可靠性高，噪声、谐波污染要小，维修工作量要少。

由于城轨交通直流牵引供电系统的整流器直流电压不太高，而电流很大，为了避免整流支路的整流元件并联数目不致太多，而造成元件之间电流分布不均的问题，故采用两组整流器并联工作的方法，同时可以使两组整流器相互之间有相位移，以求得更多相整流，减少整流电压脉动的目的。

由于整流器的主要部件二极管是由不到 1mm 厚的硅单晶片制成，其热容量很小，对电流、电压非常敏感，因而整流器的过电流、过电压保护十分重要。

整流器柜一般采用无焊接全螺栓结构，以便故障时拆卸更换。屏柜门板及外骨架采用喷塑防护，绝缘材料阻燃。为防止潮湿产生凝露，可设置防凝露控制器。

国内整流器设备的外形尺寸有差异，其中因素与散热器选型有关。采用陶瓷散热器时，整流器柜外形尺寸较大，如 2500A 规格的尺寸一般为 2000mm×1250mm。若采用铝合金散热器，整流器外形尺寸较小，同等规格下为 1200mm×1200mm。目前国内一般采用铝合金散热器或陶瓷散热器。

（三）等效 24 脉波整流机组

为了提高功率因数，降低牵引变压器网侧电压波形畸变，以减少对电网的干扰，以及降低输出直流电压的纹波系数，城轨供电系统牵引变电所中的整流机组采用等效 24 脉波整流电路。

单台整流器由两个三相 6 脉冲全波整流桥组成。图 3-7 所示为两组三相桥式并联组成的十二相桥式整流电路。

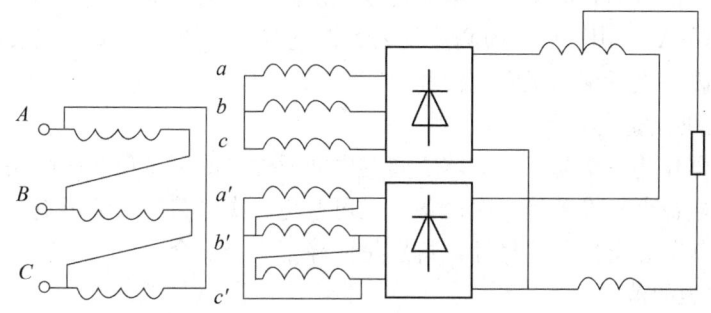

图 3-7 两组三相桥式并联组成的十二相桥式整流电路

图中整流变压器原边三相绕组为三角形接线，相应端点为 A、B、C，两个副边绕组，其一为"星形"接线，端点为 a、b、c；另一个绕组为"三角形"接线，端点为 a'、b'、c'。"星形"接线副边绕组连接到第 I 组三相整流桥上，"三角形"接线副边绕组连接到第 II 组三相整流桥上。这样就构成了两个三相整流桥连接的并联工作电路。

但实际上两组整流电路要达到真正并联工作，必须两个电源的情况完全相同才行。在图 3-7 所示电路中，虽然两组整流电压的平均值相等，但是它们的脉动波相差 60°，其瞬时值不同。为了解决这个问题，在两组整流电路的中心点之间接入了一个平衡电抗器，平衡电抗器分为两半，两组整流电路各占一半。平衡电抗器的作用有两方面，既起到限制电流中的环流的作用，又能在两组中点之间产生感应电动势以补偿两个整流电路瞬时电压的差异，使两组整流电路加到负荷上的电压相等，即两组整流电路真正并联工作。

等效 24 脉波整流由两台整流器构成，它们可以并联工作，也可以串联工作。两台变压器的网侧绕组采用延边三角形移相的方法，相对于交流线电压，一台变压器网侧星形绕组移相+7.5°，另一台移相−7.5°，则两台变压器网侧电压相位差为 15°，而合成后其次边星形和三角形绕组的线电压差为 15°，经整流后输出 24 脉波电压。两台整流机组并联运行后输出的 24 脉波直流波形如图 3-8 所示。

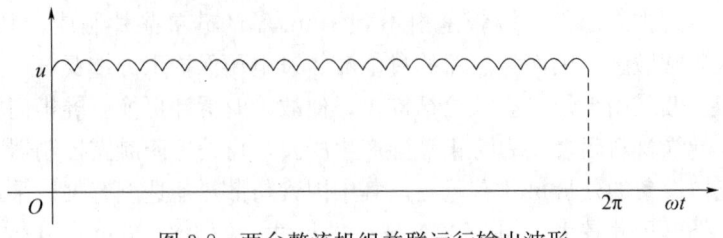

图 3-8　两台整流机组并联运行输出波形

二、互感器

互感器是电压、电流变换设备。供电系统中的高电压、大电流参数无法直接测量，供电设备的运行状态也无法直接从主回路上取得参数，因此，需要将高电压、大电流变成低电压和小电流，以供继电保护和电气测量使用。

互感器是一种特殊变压器，又称仪用变压器。其功能主要体现在以下三个方面。

1. 变压/流

互感器将一次侧的高电压、大电流变成二次侧标准的低电压（100V 或 $100\sqrt{3}$ V）和小电流（5A 或 1A），用以分别向测量仪表、继电器的电压线圈和电流线圈供电，使二次电路正确反映一次系统的正常运行和故障情况。

2. 隔离高压，安全绝缘

采用互感器作为一次与二次电路之间的中间元件，既可避免一次电路的高电压直接引入仪表、继电器保护设备等二次设备，又可避免二次电路的故障影响一次侧电路，提高了两方面工作的安全性和可靠性，特别是保障了人身安全。

3. 扩大仪表的范围

采用互感器以后，相当于扩大了仪表、继电器的使用范围。由于使用了互感器，可使二次的仪表、继电器等的电流、电压规格统一，有利于大规模标准化生产。

（一）电流互感器（TA）

1. 外形结构

电流互感器的外形和结构如图 3-9 所示。

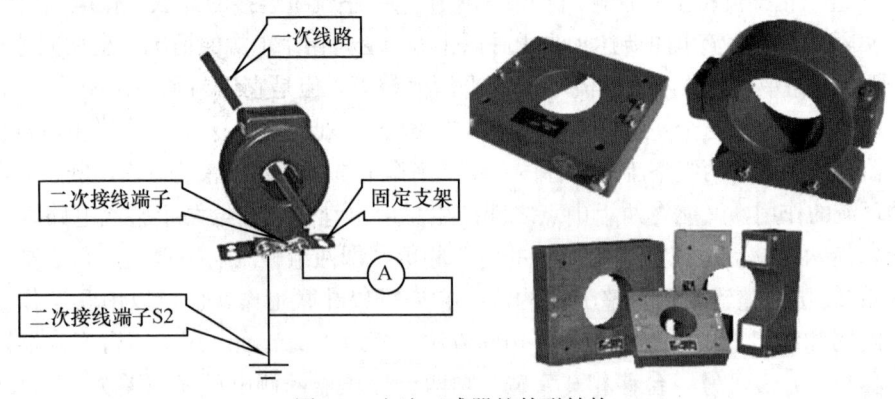

图 3-9　电流互感器的外形结构

2. 分类型号

按不同的分类方法，电流互感器有多种不同的形式。

(1) 按安装地点不同，电流互感器可分为屋内式和屋外式。

(2) 按安装方式不同，电流互感器可分为穿墙式、支持式和装入式。穿墙式装在墙壁或金属结构的孔中，可节约穿墙套管；支持式安装在平面或支柱上；装入式是套装在 35kV 及以上的变压器或多油断路器油箱内的套管上，故也称为套管式。

(3) 按绝缘方式不同，电流互感器可分为干式、浇筑式、油浸式等。干式用绝缘胶浸渍，用于屋内低压电流互感器；浇筑式以环氧树脂做绝缘，目前，仅用于 35kV 及以下的屋内电流互感器；油浸式多为屋外式。

(4) 按一次绕组匝数不同，电流互感器可分为单匝式和多匝式。单匝式分为贯穿型和母线型两种。

(5) 按工作原理不同，电流互感器可分为电磁式、电容式、光电式和无线电式。

其型号规格说明如图 3-10 所示。

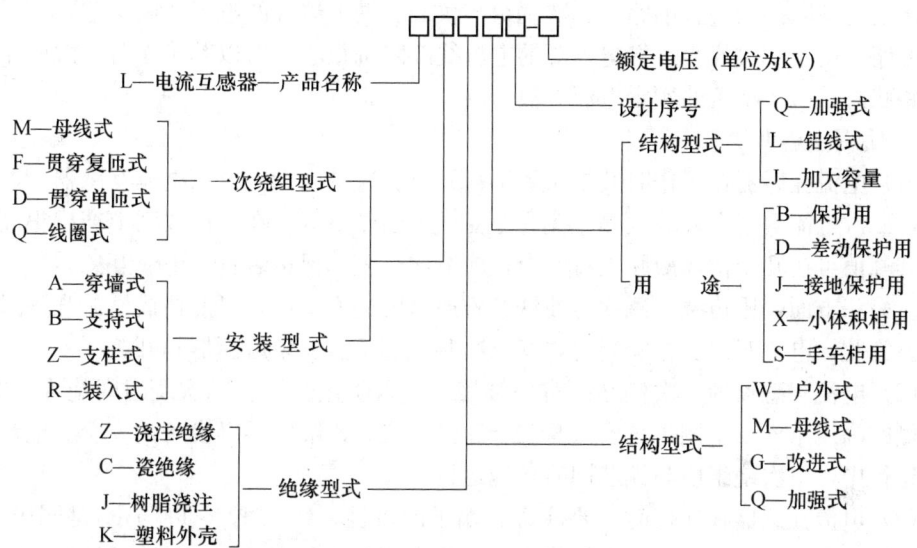

图 3-10 电流互感器型号说明

3. 工作原理

电流互感器的工作原理如图 3-11 所示。在理想的电流互感器中，如果假定空载电流 $I_0=0$，则总磁动势 $I_0 \times N_0 = 0$，根据能量守恒定律，一次绕组磁动势等于二次绕组磁动势，即

$$I_1 \times N_1 = -I_2 \times N_2$$

即电流互感器的电流与它的匝数成反比，一次电流对二次电流的比值 I_1/I_2 称为电流互感器的变流比。当知道二次电流时，乘上电流比就可以求出一次电流，这时二次电流的相量与一次电流的相量相差 180°。

变流比通常又表示为额定一次电流和二次电流之比，即

$K_i = I_{N1}/I_{N2}$，例如 100A/5A。

电流互感器的一次绕组匝数很少，导体相当粗。而二次绕组匝数很多，导体较细。

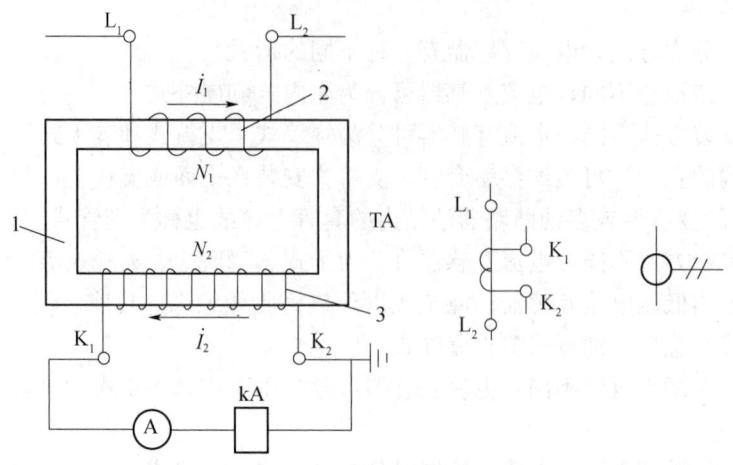

图 3-11 电流互感器工作原理

其一次绕组串联接入一次电路,二次绕组与仪表、继电器等的电流线圈串联,形成一个闭合回路。由于二次仪表、继电器等的电流线圈阻抗很小,所以其工作时二次回路接近于短路状态。二次绕组的额定电流一般为 5A。

4. 使用注意事项

(1) 电流互感器在工作时其二次侧不得开路。这是因为一方面电流互感器二次侧开路时,二次电流等于零,一次侧电流完全变成了励磁电流,在二次线圈上产生很高的电势,其峰值可达几千伏,威胁人身安全,或造成仪表、保护装置、电流互感器二次绝缘损坏。另一方面,原边绕组磁化力使铁芯磁通密度过度增大,可能造成铁芯强烈过热而损坏。为此,电流互感器在安装时,其二次侧一定不能安装熔断器和开关。

(2) 电流互感器的二次侧必须有一端接地,以防止其一、二次绕组间绝缘击穿时,一次侧的高压窜入二次侧,危及人身安全和测量仪表、继电器等设备的安全。电流互感器在运行中,二次绕组应与铁芯同时接地运行。

(3) 电流互感器在连接时,要注意其端子的极性。L_1 与 K_1,L_2 与 K_2 是同极性端,不能接反。例如,在两相电流和接线中,如果电流互感器的 K_1、K_2 端子接错,则公共线中的电流就不是相电流,而是相电流的 $\sqrt{3}$ 倍,可能使电流表损坏。

5. 操作和维护

电流互感器的运行和停用,通常是在被测量电路的断路器断开后进行的,以防止电流互感器的二次线圈开路。但在被测电路中断路器不允许断开时,电流互感器只能在带电情况下运行和停用。

在停电时,停用电流互感器应将纵向连接端子板取下,将标有"进"侧的端子横向短接。在启用电流互感器时,应将横向短接端子板取下,并用取下的端子板将电流互感器纵向端子接通。

在运行中,停用电流互感器时,应将标有"进"侧的端子先用备用端子板横向短接,然后取下纵向端子板。在启用电流互感器时,应使用备用端子板将纵向端子接通,然后取下横向端子板。

在电流互感器启、停用时,应注意在取下端子板时是否出现火花。如果发现火花,应立即把端子板装上并拧紧,然后查明原因。工作中,操作员应站在绝缘垫上,身体不得碰到接地物体。

电流互感器在运行中,值班人员应定期检查下列项目:

互感器是否有异声及焦味;互感器接头是否有过热现象;

互感器油位是否正常,有无漏油、渗油现象;

互感器瓷质部分是否清洁,有无裂痕、放电现象;

互感器的绝缘状况。

电流互感器的二次侧开路是最主要的事故。在运行中造成开路的原因有:

端子排上导线端子的螺钉因受振动而脱扣;

保护屏上的压板未与铜片接触而压在胶木上,造成保护回路开路;

可读三相电流值的电流表的切换开关经切换而接触不良;

机械外力使互感器二次线断线等。

在运行中,如果电流互感器二次开路,则会引起电流保护的不正确动作,铁芯发出异声,在二次绕组的端子处会出现放电火花。此时,应先将一次电流减少或降至零,然后将电流互感器所带保护退出运行。采取安全措施后,将故障互感器的端子短路,如果电流互感器有焦味或冒烟,应立即停用互感器。

(二) 电压互感器 (TV)

1. 外形结构

电压互感器的外形和结构如图 3-12 所示。

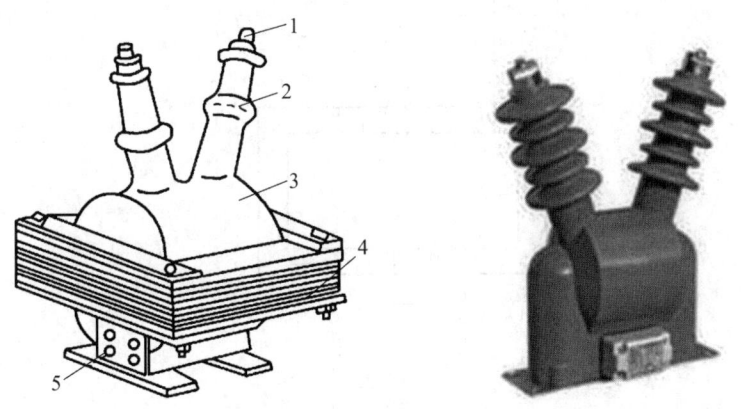

图 3-12 电压互感器外形结构

1——次接线端子;2—高压绝缘套管;3—二次绕组;4—铁芯;5—二次接线端子

2. 分类和型号

电磁式电压互感器可分为以下几种类型:

(1) 按安装地点可分为户内式和户外式。

(2) 按相数可分为单相式和三相式。

(3) 按每相绕组数可分为双绕组式和三绕组式。三绕组电压互感器有两个二次侧绕组,即基本二次绕组和辅助二次绕组。辅助二次绕组供接地保护用。

(4) 按绝缘方式可分为干式、浇筑式、油浸式和电容式等。干式多用于低压;浇筑式多用于 3~35kV；油浸式主要用于 35kV 及以上的电压互感器。

其型号规格如图 3-13 所示。

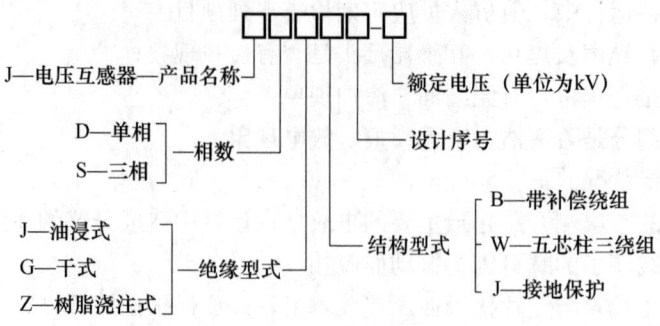

图 3-13　电压互感器规格型号说明

3. 工作原理

电压互感器的工作原理如图 3-14 所示，它与普通变压器相同，结构原理和接线也相似。电压互感器的一次电压 U_1 与其二次电压 U_2 之间有下列关系：

$$U_1 \approx (N_1/N_2) U_2 = K_U U_2$$

式中　N_1，N_2——电压互感器一次和二次绕组匝数；

　　　K_U——电压互感器的变压比，一般表示为其额定一、二次电压比，即 $K_U = U_{1N}/U_{2N}$，例如 10000V/100V。

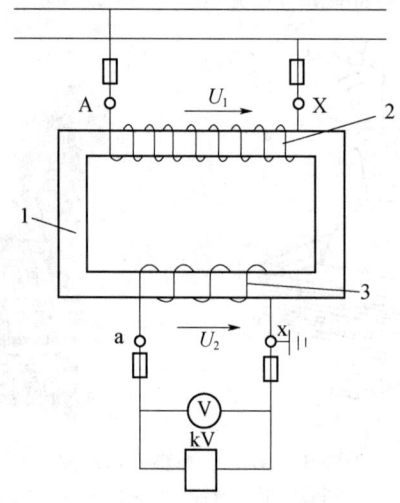

图 3-14　电压互感器工作原理

电压互感器的特点：

(1) 一次绕组匝数很多，二次绕组匝数很少，相当于一个降压变压器。

(2) 工作时一次绕组并联在一次电路中，二次绕组并联在仪表、继电器的电压线圈回路中，二次绕组负载阻抗很大，接近于开路状态。

(3) 一次绕组导线细，二次绕组导线较粗，二次侧额定电压一般为 100V，用于接地保护的电压互感器的二次侧额定电压为 $100/\sqrt{3}$V，开口三角形侧为 100/3V。

4. 使用注意事项

(1) 电压互感器的一、二次侧必须加熔断器保护，不得短路。这是因为，互感器是并联在线路上的，而且本身阻抗很小，如发生短路将产生很大的短路电流，有可能烧毁电压互感器甚至危及一次系统的安全运行。

当发现电压互感器的一次侧熔丝熔断后，首先应将电压互感器的隔离开关拉开，并取下二次侧熔丝，检查是否熔断。在排除电压互感器本身的故障后，可重新更换合格熔丝后将电压互感器投入运行。若二次侧熔断器一相熔断时，应立即更换。若再次熔断，则不应再次更换，待查明原因后处理。

(2) 电压互感器的二次侧有一端必须接地，以防止电压互感器一、二次绕组绝缘击穿时一次侧的高压窜入二次侧，危及人身和设备安全。

(3) 电压互感器接线时必须注意极性，防止因接错线而引起事故。单相电压互感器分别标 A、X 和 a、x。三相电压互感器分别标 A、B、C、N 和 a、b、c、n。

5. 运行和维护

电压互感器在额定容量下允许长期运行，但不允许超过最大容量运行。电压互感器在运行中不能短路。在运行中，值班员必须注意检查二次回路是否有短路现象，并及时消除。当电压互感器二次回路短路时，一般情况下高压熔断器不会熔断，但此时电压互感器内部有异声，将二次熔断器取下后异声停止，其他现象与断线情况时相同。

任务三 高压开关控制设备

开关控制设备的作用是：正常工作情况下可靠地接通或断开电路；在改变运行方式时进行切换操作；当系统中发生故障时迅速切除故障部分，以保证非故障部分的正常运行；在设备检修时隔离带电部分，以保证工作人员的安全。

开关电器的种类很多。按安装地点可分为屋内式和屋外式；按功能区分，常见的类型有断路器、隔离开关、负荷开关等。下面就对这几类主要的高压开关设备进行详细介绍。

一、高压断路器

(一) 高压断路器的功能

高压断路器（文字符号为 QF）是牵引变电所高压电气设备中最重要的设备，是一次电力系统中控制和保护电路的关键设备。它主要有两个作用：一是控制作用。即根据需要将部分电气设备或线路投入或退出运行；二是保护作用。即在电气设备或电力线路发生故障时，继电保护装置发出跳闸信号，启动断路器，将故障部分设备或线路从电网中迅速切除，确保电网中无故障部分均正常运行。

(二) 高压断路器的结构

高压断路器的基本结构如图 3-15 所示。

高压断路器由五个部分组成：通断元件、中间传动机构、操动机构、绝缘支撑件和基座。其中通断元件是断路器的核心，主电路的接通和断开的控制、保护及安全隔离等方面的任务都由它来完成。主电路的通断，由操动机构接到操作指令后，经中间传动机构传送到通断元件，通断元件执行命令，使主电路接通或断开。通断元件包括触头、导电部分、灭弧介质和灭弧室等，一般安放在绝缘支撑件上，使带电部分与地绝缘，而绝缘支撑件则安装在基座上。这些基本组成部分的结构，随断路器类型不同而异。

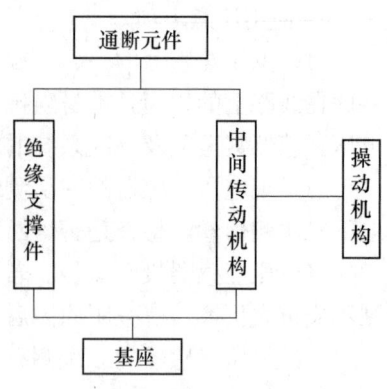

图 3-15 高压断路器的基本结构

（三）高压断路器的分类和型号

高压断路器的种类繁杂，一般可按下列方法分类：按断路器的安装地点分可分为户内式和户外式两种；按断路器灭弧原理或灭弧介质可分为油断路器、真空断路器、六氟化硫断路器等。

1. 油断路器

油断路器按其油的多少和油的作用又分为多油式和少油式。多油断路器中的绝缘油除作灭弧介质使用外，还作为触头断开后触头之间的主绝缘以及带电部分与接地外壳之间的主绝缘使用。多油断路器具有用油量多、金属耗材量大、易发生火灾或爆炸、体积较大、加工工艺要求不高、耐用、价格较低等特点。目前在电力系统中除 35kV 等个别型号的户外式多油断路器仍有使用外，其余多油断路器已停止生产和使用。

少油断路器中的绝缘油主要作为灭弧介质使用，而带电部分与地之间的绝缘主要采用瓷瓶或其他有机绝缘材料。这类断路器因用油量少，故称为少油断路器。少油断路器具有耗材少、价格低等优点，但需要定期检修，有引起火灾与爆炸的危险。少油断路器目前虽有使用，但已逐渐被真空断路器和六氟化硫断路器等新型断路器替代。图 3-16 所示为少油断路器的外形。

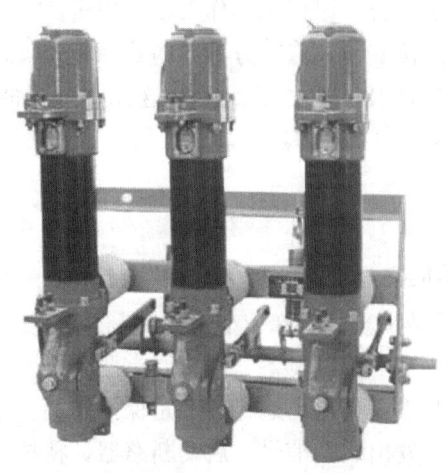

图 3-16 SN10-12/2000 高压少油断路器

油断路器结构简单，价格便宜，但油在灭弧过程中容易碳化，所以检修周期短，维护工作量大；再加上油对环境的污染大又容易引发火灾，故断路器的发展趋势为无油化,即被 SF₆ 和真空断路器取代。

2. 六氟化硫断路器

六氟化硫断路器是采用具有优质绝缘性能和灭弧性能的六氟化硫气体作为灭弧介质的断路器。六氟化硫断路器具有灭弧性能强、不自燃、体积小等优点。

3. 真空断路器

真空断路器是利用"真空"作绝缘介质和灭弧介质的断路器。这里所谓的"真空"可以理解为气体压力远小于一个大气压的稀薄气体空间,空间内气体分子极为稀少。真空断路器是将其动、静触头安装在"真空"的密封容器(又称灭弧室)内而制成的一种断路器。图 3-17 所示为真空断路器的外形。

图 3-17　ZW8-12 真空断路器

高压断路器的型号规格如图 3-18 所示。

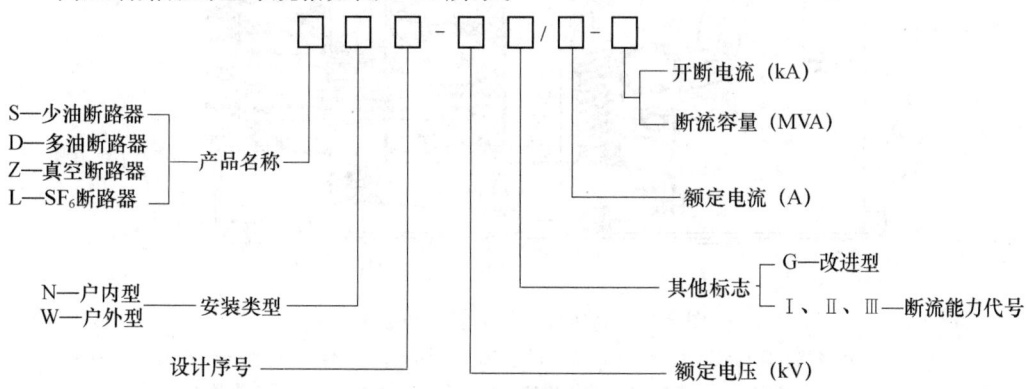

图 3-18　高压断路器的型号规格

(四) 真空断路器的构造

真空断路器是利用真空度约为 10^{-4} Pa（运行中不低于 10^{-2} Pa）的高真空作为内绝缘和灭弧介质。当灭弧室内被抽成 10^{-4} Pa 的高真空时，其绝缘强度要比绝缘油、一个大气压力下的 SF_6 和空气的绝缘强度高很多。所以，真空击穿产生电弧，是由触头蒸发出来的金属蒸气帮助形成的。

随着冶金等技术的不断进步，真空断路器的制造水平不断提高，在 20 世纪 60 年代制成能开断 20kA 的真空断路器，20 世纪 70 年代制造出开断能力达 60～80kA、电压等级为 10～35kV 的真空断路器，使真空断路器在 35kV 及以下电压等级中处于优势地位。

真空断路器是由真空灭弧室、绝缘支撑、传动机构、操动机构、机座（框架）等组成，如图 3-19 所示。导电回路由导电夹、软连接、出线板通过灭弧室两端组成。真空断路器的固定方式不受安装角度限制，既可以水平安装，又可以垂直安装，还可以任意角度安装。

按真空灭弧室的布置方式可分为落地式和悬挂式两种基本形式，以及这两种方式相结合的综合式和接地箱式。图 3-19 所示为落地式真空断路器，它将真空灭弧室安装在上方，用绝缘子支持，操动机构设置在底座的下方，上下两部分由传动机构通过绝缘杆连接起来。下面详细介绍它的基本结构。

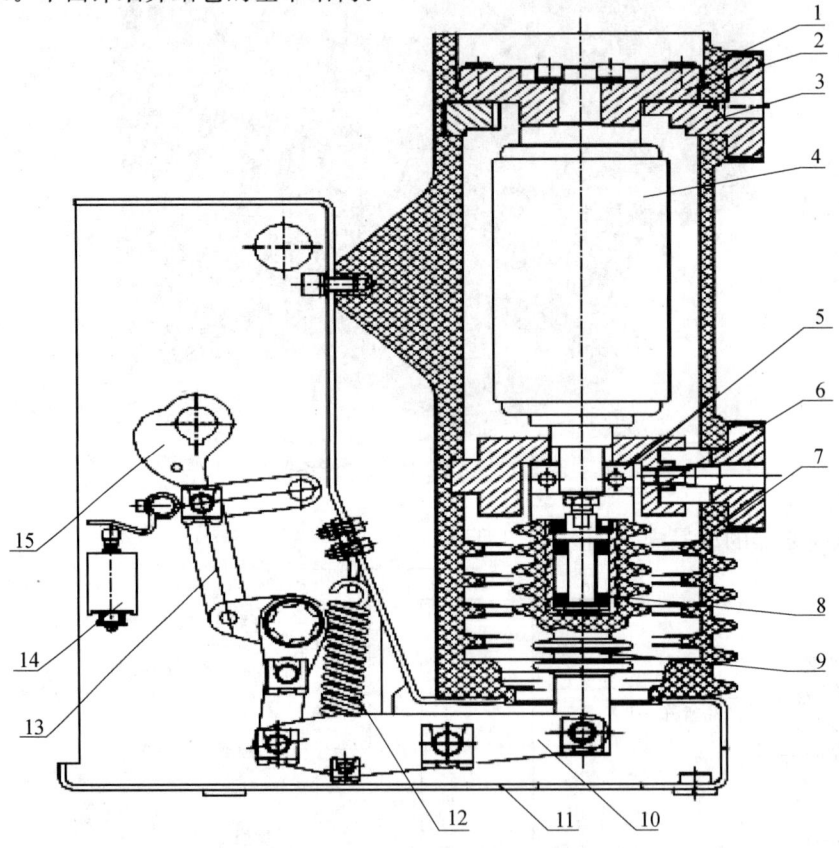

图 3-19 高压真空断路器内部结构图

1—绝缘筒；2—止支架；3—上出线座；4—真空灭弧室；5—软连接；6—下支架；
7—下出线座；8—碟簧；9—绝缘拉杆；10—四连杆机构；11—断路器壳体；
12—分闸弹簧；13—四连杆机构；14—分闸电磁铁；15—合闸凸轮

1. 真空灭弧室

真空灭弧室是真空断路器中最重要的部件。真空灭弧室的结构如图 3-20 所示，外壳是由绝缘筒、两端的金属盖板和波纹管所组成的密封容器。灭弧室内有一对触头，静触头焊在静导电杆上，动触头焊接在动导电杆上，动导电杆在中部与波纹管的一个断口焊在一起，波纹管的另一端口与动端盖的中孔焊接，动导电杆从中孔穿出外壳。由于波纹管可以在轴向上自由伸缩，故这种结构既能实现在灭弧室外带动动触头做分合运动，又能保证真空外壳的密封性。

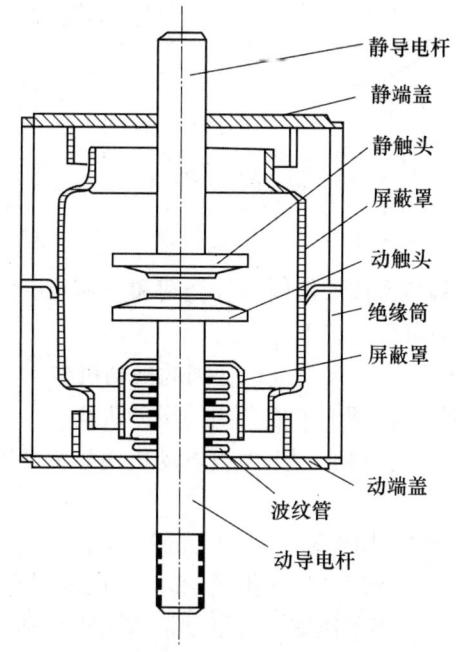

图 3-20　真空断路器灭弧室结构

（1）外壳。整个外壳通常由绝缘材料和金属组成。对外壳的要求首先是气密封要好；其次是要有一定的机械强度；再者是有良好的绝缘性能。

（2）波纹管。波纹管既要保证灭弧室完全密封，又要在灭弧室外部操动时使触头做分合运动，允许伸缩量决定了灭弧室所能获得的触头最大开距。

（3）屏蔽罩。触头周围的屏蔽罩主要是用来吸附燃弧时触头上蒸发的金属蒸气，防止绝缘外壳因金属蒸气的污染而引起绝缘强度降低和绝缘破坏，同时，也有利于熄弧后弧隙介质强度的迅速恢复。在波纹管外面用屏蔽罩，可使波纹管免遭金属蒸气的烧损。屏蔽罩的导热性能越好，其表面冷却电弧的能力也就越好。因此，制造屏蔽罩常用材料为无氧铜、不锈钢和玻璃，铜是最常用的材料。

（4）触头。触头是真空灭弧室内最为重要的元件，灭弧室的开断能力和电气寿命主要由触头状况来决定。根据触头开断时灭弧基本原理的不同，可分为非磁吹触头和磁吹触头两大类。

非磁吹型圆柱状触头最简单，机械强度好，易加工，但开断电流较小，一般只适用于真空接触器和真空负荷开关中。

磁吹触头又分为横向磁吹触头和纵向磁吹触头两类，而横向磁吹触头包括螺旋槽触头和杯状触头两种，如图 3-21 所示。

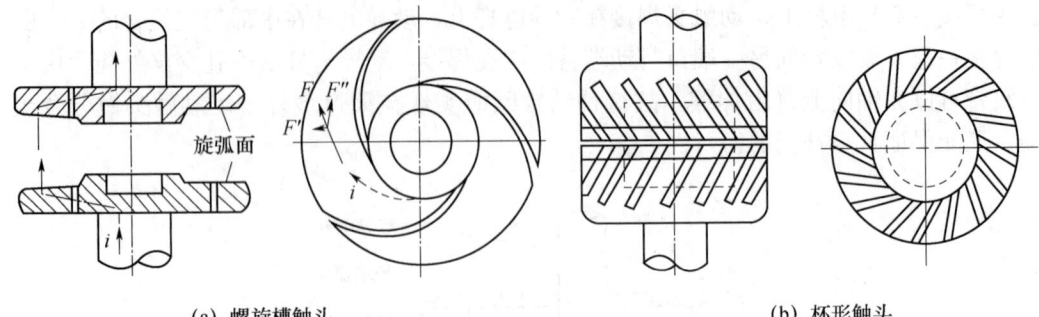

(a) 螺旋槽触头　　　　　　　　　　　　(b) 杯形触头

图 3-21　横向磁吹触头

2. 操动机构

操动机构是带动高压断路器传动机构进行合闸和分闸的机构。依断路器合闸时所用能量形式的不同，操动机构可分为以下几种：

(1) 手动机构（CS 型），指用人力进行合闸的操动机构。

(2) 电磁机构（CD 型），指用电磁铁合闸的操动机构。

(3) 弹簧机构（CT 型），指事先用人力或电动机使弹簧储能实现合闸的弹簧合闸操动机构。

(4) 电动机机构（CJ 型），用电动机合闸与分闸的操动机构。

(5) 液压机构（CY 型），指用高压油推动活塞实现合闸与分闸的操动机构。

(6) 气动机构（CQ 型），指用压缩空气推动活塞实现合闸与分闸的操动机构。

弹簧操动机构由储能机构、电磁系统、机械系统等主要部件组成，有 CT6、CT8、CT8G、CT9、CT10 等多种形式。

下面以 CT10 型操动机构为例，介绍弹簧操动机构。

如图 3-22 所示，该机构采用夹板式结构。机构的储能驱动部分和合闸驱动的凸轮连杆部分、合闸电磁铁等布置在左右侧板之间，使各转轴受力合理，稳动性好。两根合闸弹簧分别布置在左右侧板外边。合闸电磁铁、储能电机和辅助开关置于机构下部。

CT10 型机构有电机储能和人力储能两种储能方式，合闸操作有合闸电磁铁操作和手动按钮操作，分闸操作也有分闸电磁铁操作和手动按钮操作。

① 储能。图 3-23 为储能部分动作示意图。其中，图 3-23 (a) 所示为合闸弹簧处于未储能位置，图 3-23 (b) 所示为合闸弹簧处于已储能位置。由电动机带动偏心轮转动，通过紧靠在偏心轮表面的滚轮 2 推动操作块上下摆动，带动驱动棘爪上下运动，推动棘轮转动。在转动过程中，当固定棘轮上的销与固定在储能轴上的驱动板顶住后，棘轮就通过驱动板带动储能轴转动，从而将合闸弹簧拉长。当储能轴转到将挂簧拐臂达到最高位置时，只要再向前转一点，固定在与储能轴联为一体的凸轮上的滚轮 13 就紧靠在定位件上，将合闸弹簧维持在储能状态，完成了储能动作。

项目三 牵引变电所的主要电气设备

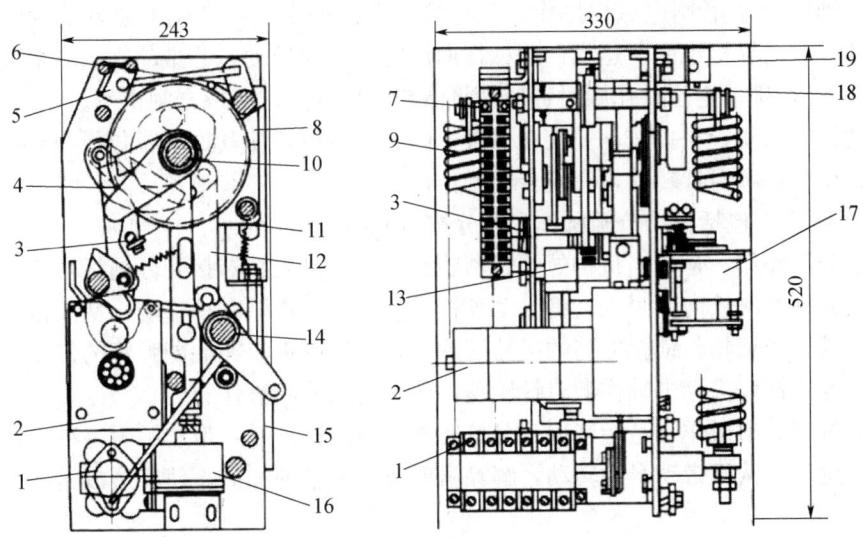

图 3-22 CT10 型操动机构结构简图（尺寸单位：cm）

1—辅助开关；2—储能电机；3—半轴；4—驱动棘爪；5—按钮；6—定位件；7—接线端子；8—保持棘爪；9—合闸弹簧；10—储能轴；11—合闸连锁饭；12—合闸四连杆；13—分合指示牌；14—输出轴；15—角钢；16—合闸电磁铁；17—过电流脱扣电磁铁及分闸电磁铁；18—储能指示；19—行程开关

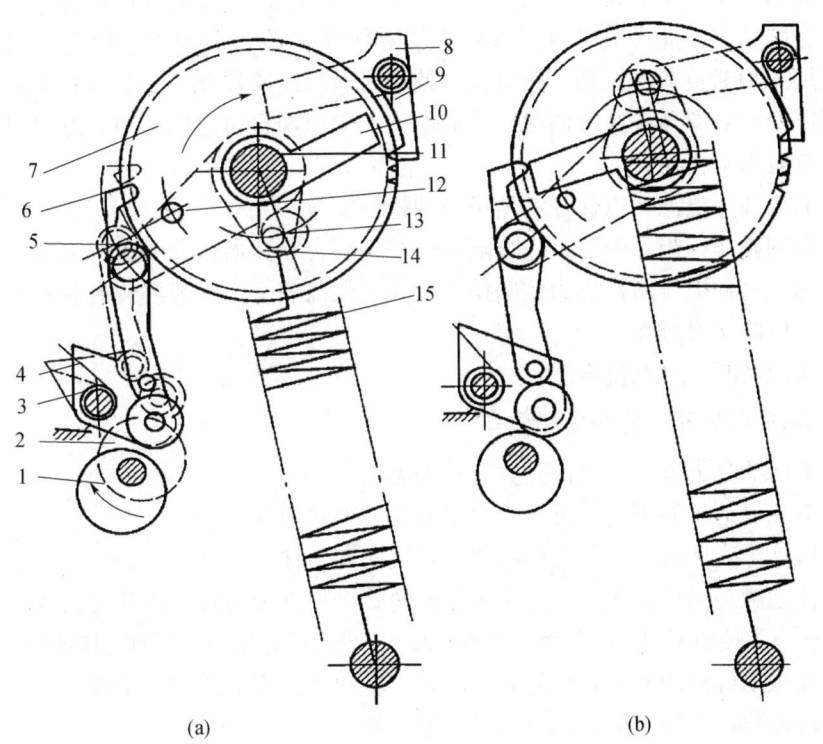

图 3-23 储能部分动作示意图

(a) 合闸弹簧未能储能 (b) 合闸弹簧已储能

1—偏心轮；2—滚轮；3—操动块；4—操动块复位弹簧；5—驱动棘爪；6—靠板；7—棘轮；8—定位件；9—保持棘爪；10—驱动板；11—储能轴；12—销；13—滚轮；14—挂簧拐臂；15—合闸弹簧

61

② 合闸操作。合闸电磁铁操作，是指接到合闸命令后，合闸电磁铁的动铁芯被吸向下运动，拉动导板也向下运动，使杠杆向反时针方向转动，并带动固定在定位件上的滚轮13运动，推动定位件作顺时针转动将储能维持解除，完成合闸操作。

手动按钮操作，是指按动安装在面板上的合闸按钮，使其推动脱扣板，通过调节螺杆推动定位件作顺时针转动，完成合闸操作。

③ 分闸操作包括自动分闸操作和手分按钮分闸操作。

自动分闸操作，是指当机构处于合闸状态时，一旦脱扣器接到分闸信号，过流脱扣电磁铁或分闸电磁铁向上吸动，将带动顶杆推动脱扣板作顺时针移动，从而带动锁扣作逆时针转动，使锁扣与锁扣之间的搭接解除。解除后的锁扣在储能弹簧的带动下作逆时针转动，通过杠杆推动半轴作顺时针转动，从而完成分闸操作。

手分按钮分闸操作，是指当用手分按钮推动分闸连杆时，带动了固定在半轴上的脱扣板向上运动，从而带动半轴转动，解除扇形板与半轴的扣接，使扇形板转动，完成分闸动作。

二、高压隔离开关

（一）高压隔离开关的作用

高压隔离开关（文字符号为QS）又称隔离刀闸，是一种结构比较简单的高压开关电器。在合闸状态下能可靠地通过额定电流和短路电流，但因为它没有专门的灭弧装置，不能用来切断负荷电流和短路电流。使用时应与断路器配合，只有在断路器断开时才能进行操作。隔离开关在分闸时，动静触头间形成明显可见的断口，绝缘可靠。高压隔离开关具有以下作用：

（1）隔离高压电源，以保证其他设备的检修安全。

（2）倒闸操作，当合闸时，先合隔离开关，后合断路器；分闸时，先分断路器，后分隔离开关。这种操作通常称为倒闸操作。为了保证安全，一般要装有和断路器之间的连锁装置，以防止误操作。

（3）接通和断开小电流电路。

（二）高压隔离开关的分类和型号

按照不同的分类方式，隔离开关有多种类型。

（1）按装设地点的不同，可分为户内式和户外式两种。

（2）按绝缘支柱数目，分为单柱式、双柱式和三柱式三种。

（3）按动触头运动方式，可分为水平旋转式、垂直旋转式、摆动式和插入式等。

（4）按有无接地闸刀，可分为无接地闸刀、一侧有接地闸刀、两侧有接地闸刀三种。

（5）按操动机构的不同，可分为手动式、电动式、气动式和液压式等。

（6）按极数，可分为单极、双极、三极三种。

（7）按安装方式不同，分为平装式和套管式等。

隔离开关的型号规格如图3-24所示。

项目三 牵引变电所的主要电气设备

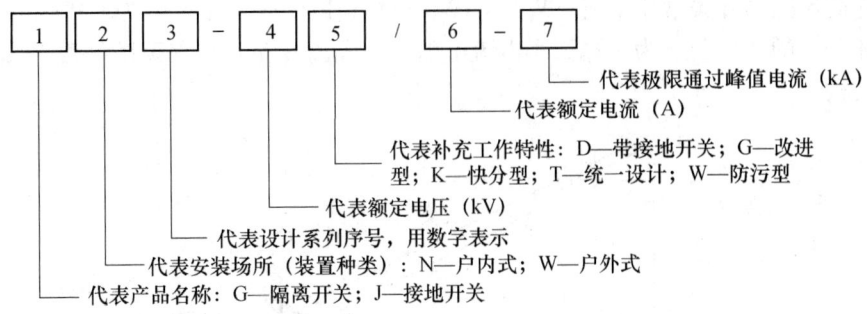

图 3-24 隔离开关型号示意图

(三) 10kV 高压隔离开关

10kV 高压隔离开关型号较多，常用的户内系列有 GN8、GN19、GN24、GN28 和 GN30 等。图 3-25 为户内使用的 GN8-10/600 型隔离开关外形图，它的三相闸刀安装在同一底座上，闸刀均采用垂直回转运动方式。

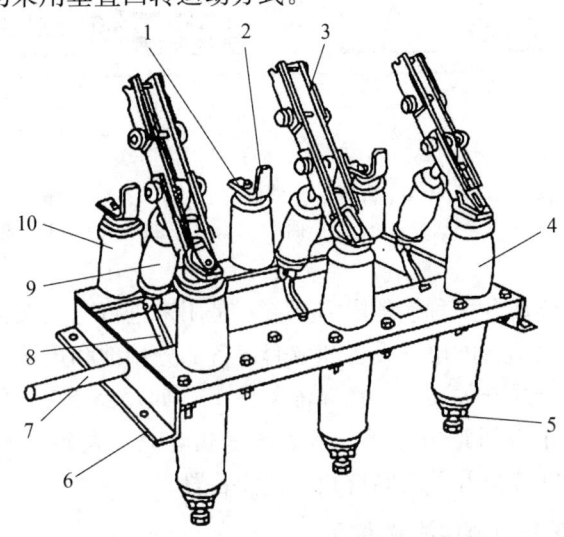

图 3-25 GN8-10/600 型高压隔离开关

1—上接线端子；2—静触头；3—闸刀；4—套管绝缘子；5—下接线端子；
6—框架；7—转轴；8—拐臂；9—升降绝缘子；10—支柱绝缘子

导电回路主要由闸刀（动触头）、静触头和接线端等组成。静触头固定在支柱绝缘子上。动触头是每相两条铜制闸刀片，合闸时用弹簧紧紧地夹在静触头两边形成线接触，以保证触头间的接触压力和压缩行程。对额定电流大的隔离开关普遍采用磁锁装置来加强动、静触头间通过短路电流时的接触压力。所谓磁锁装置，就是由装在两闸刀外侧的两片钢片组成，当短路电流沿闸刀流向静触头时，闸刀外侧的两片钢片受磁力的作用互相吸引，增加了两闸刀对静触头的接触压力，从而保证触头对短路电流的稳定性。

GN 型高压隔离开关一般采用手动操作机构进行操作。操动机构通过连杆转动转轴，再通过拐臂与拉杆瓷瓶使各相闸刀作垂直旋转，从而达到分、合闸的目的。这两种隔离开关安装使用方便，既可垂直、水平安装，又可以倾斜甚至在顶棚上安装。

户外高压隔离开关常用的有 GW4、GW5 和 GW1 系列。图 3-26 为 GW4-35 型户外高压隔离开关的外形图。为了熄灭小电流电弧，该隔离开关安装有灭弧角条，采用的是三柱式结构。

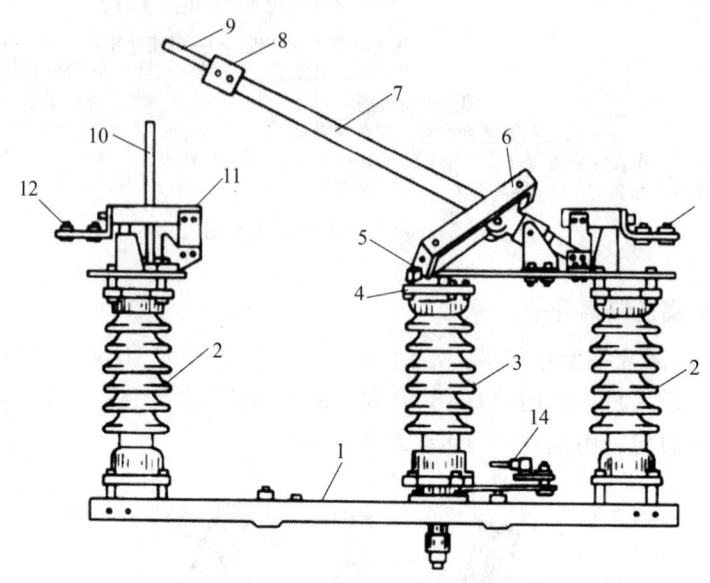

图 3-26　GW4-35 型户外隔离开关

1—角钢架；2—支柱瓷瓶；3—旋转瓷瓶；4—曲柄；5—轴套；6—传动装置；7—管形闸刀；
8—工作动触头；9、10—灭弧角条；11—插座；12、13—接线端子；14—曲柄传动机构

带有接地开关的隔离开关称接地隔离开关，是用来进行电气设备的短接、连锁和隔离，一般是用来将退出运行的电气设备和成套设备部分接地和短接；而接地开关是用于将回路接地的一种机械式开关装置。在异常条件下（如短路下），可在规定时间内承载规定的异常电流；在正常回路条件下，不要求承载电流。大多与隔离开关构成一个整体，并且在接地开关和隔离开关之间有相互连锁装置。

（四）高压隔离开关的操作注意事项

在操作隔离开关时，应注意操作顺序。当合闸时，先合隔离开关，后合断路器；分闸时，先分断路器，后分隔离开关。这种操作通常称为倒闸操作。为了保证安全，一般要装有和断路器之间的连锁装置，以防止误操作。停电时先拉线路侧隔离开关，送电时先合母线侧隔离开关。而且在操作隔离开关前，先注意检查断路器确实在断开位置后，才能操作隔离开关。

（1）合上隔离开关时的操作。

无论用手动传动装置或用绝缘操作杆操作，均必须迅速而果断，但在合闸终了时用力不可过猛，以免损坏设备，使机构变形、瓷瓶破裂等。

隔离开关操作完毕后，应检查是否合上。合好后应使隔离开关完全进入固定触头，并检查接触的严密性。

（2）拉开隔离开关时的操作。

开始时应慢而谨慎，当刀片刚要离开固定触头时应迅速。特别是切断变压器的空载

电流、架空线路和电缆的充电电流、架空线路小负荷电流以及环路电流时，拉开隔离开关时更应迅速果断，以便能迅速消弧。

拉开隔离开关后，应检查隔离开关每相确实已在断开位置并应使刀片尽量拉到头。

（3）在操作中误拉、误合隔离开关时的操作。

误合隔离开关时，即使合错，甚至在合闸时发生电弧，也不准将隔离开关再拉开。因为带负荷拉开隔离开关，将造成三相弧光短路事故。

误拉隔离开关时，在刀片刚要离开固定触头时，便发生电弧，这时应立即合上，可以消灭电弧，避免事故。如果隔离开关已经全部拉开，则绝不允许将误拉的隔离开关再合上。

如果是单极隔离开关，操作一相后发现误拉，对其他两相则不允许继续操作。

三、高压负荷开关

（一）高压负荷开关的作用

高压负荷开关（文字符号为 QL）是在高压隔离开关的基础上加入简单装灭弧装置而成的，具有一定开断和关合能力的开关电器。它具有一定的分合闸速度，能通过一定的短路电流，也能开断正常的负荷电流和过负荷电流，但不能开断短路电流。因此，高压负荷开关可用于控制供电线路的负荷电流，可用来控制空载线路、空载变压器及电容器等。

高压负荷开关在分闸时有明显的断口，可起到隔离开关的作用，与高压熔断器串联使用，前者作为操作电器投切电路的正常负荷电流，而后者作为保护电器开断电路的短路电流及过负荷电流。

（二）高压负荷开关的分类与型号

（1）高压负荷开关按使用地点分为户内型和户外型。

（2）按灭弧方式的不同，高压负荷开关可以分为产气式、压气式、压缩空气式、油浸式、真空式、SF_6 式等，近年来，真空式发展很快，在配电网中得到了广泛应用。

（3）按是否带熔断器，高压负荷开关可分为带熔断器和不带熔断器两类。

高压负荷开关型号的表示和含义如图 3-27 所示。

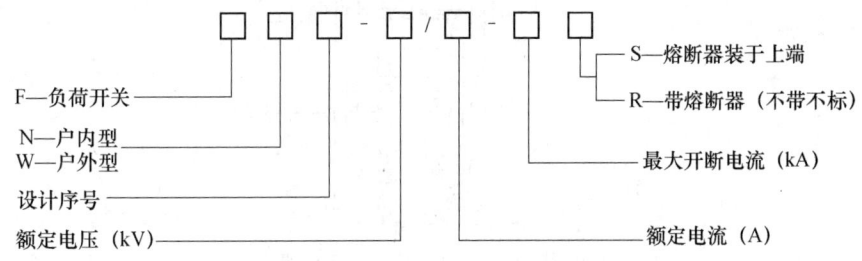

图 3-27　高压负荷开关型号说明

（三）高压负荷开关的结构

图 3-28 为 FN3-10RT 型高压负荷开关的结构示意图。负荷开关上端的绝缘子是一个简单的灭弧室，它不仅起到支持绝缘子的作用，而且其内部是一个气缸，装有操动机构主轴传动的活塞，绝缘子上部装有绝缘喷嘴和弧静触头。当负荷开关分闸时，闸刀一端的弧动触头与弧静触头之间产生电弧，同时分闸时主轴转动而带动活塞，压缩气缸内

的空气，从喷嘴向外吹弧，使电弧迅速熄灭。同时，其外形与户内式隔离开关相似，也具有明显的断开间隙，因此，它同时具有隔离开关的作用。

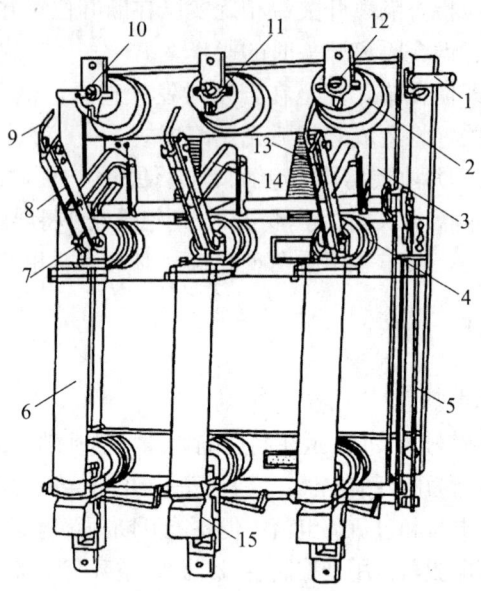

图 3-28　FN3-10RT 型高压负荷开关

1—主轴；2—上绝缘子兼气缸；3—连杆；4—下绝缘子；5—框架；6—RN1 型高压熔断器；7—下触座；8—闸刀；9—弧动触头；10—绝缘喷嘴；11—主静触头；12—上触座；13—分闸弹簧；14—绝缘拉杆；15—热脱扣器

图 3-29 为西门子公司 12kV 的真空负荷开关的剖面图。它是利用真空灭弧原理来工作的，因而能可靠完成开断工作。其特点是可频繁操作，配用手动操作机构或电动操作

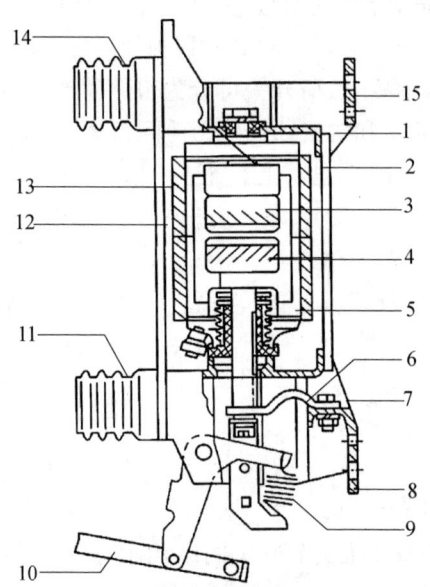

图 3-29　西门子公司 12kV 的真空负荷开关剖面图

1—上支架；2—前支撑杆；3—静触头；4—动触头；5—波纹管；6—软连接；7—下支架；
8—下接线端子；9—接触压力弹簧和分闸弹簧；10—操作杆；11—下支持绝缘子；
12—后支撑杆；13—陶瓷外壳；14—上支持端子；15—上接线端子

机构，灭弧性能好，使用寿命长。但必须和熔断器相配合，才能开断短路电流。而且开断时，不形成隔离间隙，不能作隔离开关用，一般用于220kV及以下电网中。

六氟化硫（SF_6）负荷开关（如 FW11-10 型）、油浸式负荷开关（如 FW2、FW4型）的基本结构都为三相共箱式，其中六氟化硫负荷开关利用 SF_6 气体作为灭弧和绝缘介质，而油浸式负荷开关是利用绝缘油作为灭弧和绝缘介质，它们的灭弧能力强，容量大，但都必须与熔断器串联使用才能断开短路电流，而且断开后无可见间隙，不能作隔离开关用，适用于 35kV 及以下的户外电网。

任务四　保护设备

一、熔断器

（一）熔断器的作用和特点

熔断器（文字符号为 FU）的外形如图 3-30 所示，是一种保护电器。它串联在电路中，当电路发生短路或过负荷时，熔体熔断，切断故障电路使电气设备免遭损坏，并维持电力系统其余部分的正常工作。

其优点是：结构简单，体积小，布置紧凑，使用方便，动作直接，不需要继电保护和二次回路相配合，价格低。缺点是：每次熔断后须停电更换熔件才能再次使用，增加了停电时间；保护特性不稳定，可靠性低；保护选择性不易配合。

RW10–20~24/100~200A

图 3-30　熔断器外形图

（二）熔断器的分类和型号

（1）按安装地点不同，分为户内式（N）和户外式（W）。

（2）按使用电压的高低，分为高压熔断器和低压熔断器。

（3）按灭弧方法，分为瓷插式（C）、封闭产气式（M）、封闭填料式（T）、产气纵吹式。

（4）按限流特性，分为限流式和非限流式。

高压熔断器型号的表示和含义如图 3-31 所示。

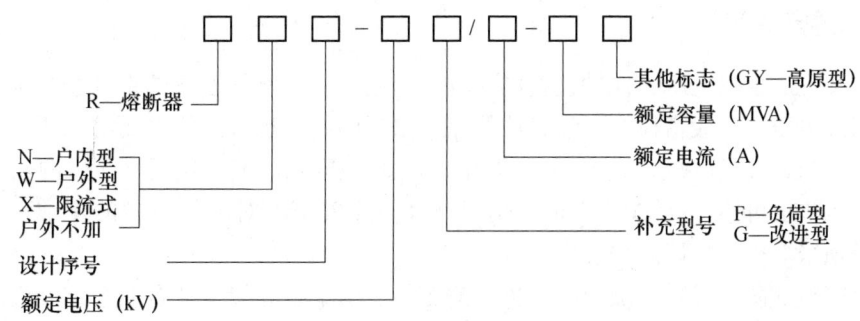

图 3-31　高压熔断器型号说明

(三）熔断器的结构和工作原理

如图 3-32 所示，熔断器主要由金属熔件（熔体）、支持熔件的触头、灭弧装置和绝缘底座等部分组成。其中决定其工作特性的主要是熔体和灭弧装置。

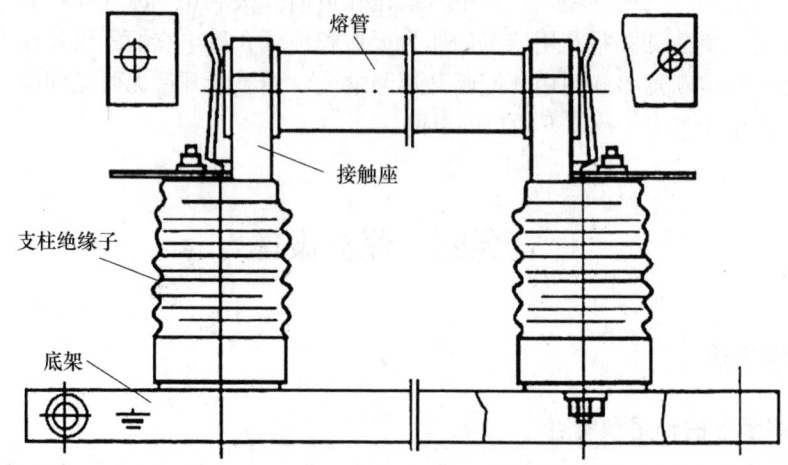

图 3-32 RN1 型熔断器外形图

熔体是熔断器的主要部件。熔体应具备材料熔点低、导电性能好、不易氧化和易于加工等特点，一般选用铅、铅锡合金、锌、铜、银等金属材料。

熔断器必须采取措施熄灭熔体熔断时产生的电弧，否则，会引起事故的扩大。熔断器的灭弧措施可分为两类：一类是在熔断器内装有特殊的灭弧介质，如产气纤维管、石英砂等，它利用了吹弧、冷却等灭弧原理；另一类是采用特殊形状的熔体，如焊有小锡（铅）球的熔体、变截面的熔体、网孔状的熔体等，其目的在于减小熔体熔断后的金属蒸气量，或者把电弧分成若干串并联的小电弧，并与石英砂等灭弧介质紧密接触，提高灭弧效果。

熔断器串联在电路中使用，安装在被保护设备或线路的电源侧。当电路中发生过负荷或短路时，熔体被过负荷或短路电流加热，并在被保护设备的温度未达到破坏其绝缘之前熔断，使电路断开，设备得到了保护。熔体熔化时间的长短，取决于熔体熔点的高低和所通过的电流的大小。熔体材料的熔点越高，熔体熔化就越慢，熔断时间就越长，熔体熔断电流和熔断时间之间呈现反时限特性，即电流越大，熔断时间就越短，其关系曲线称为熔断器的保护特性，也称安秒特性。

二、避雷装置

避雷装置属于变电所中保护设备的一种，作用是防止电气设备的雷电过电压。

所谓过电压，一般指在电气设备或线路上出现的超过正常工作需要的电压。而雷电过电压，也叫大气过电压，它是由雷电引起的过电压。雷电过电压所产生的雷电冲击波，其电压幅值可达 100MV，电流幅值可达几百千安培，对电气设备的正常运行危害极大，必须采取措施加以防护。

一个完整的防雷设备一般由接闪器、避雷器、引下线和接地装置四个部分组成。

项目三 牵引变电所的主要电气设备

（一）接闪器

雷电发生时，由于电气设备本身安装的方法或安装位置不当，受雷电在空间分布的电场、磁场影响而损坏，称为直击雷损坏。接闪器就是专门用来接收直击雷闪的金属物体，如图 3-33 所示。

接闪器的金属杆称为避雷针。避雷针是防止直击雷的有效措施。当雷云放电时使地面电场畸变，在避雷针顶端形成局部场集中的空间以影响雷电先导放电的发展方向，使雷电对避雷针放电，再经过接地装置将雷电流引入大地从而使被保护物体免遭雷击。

避雷器是用来保护架空电力线路和露天配电装置免受直击雷的装置。它由悬挂在空中的接地导线、接地引下线和接地体等组成，因而也称"架空地线"。它的作用和避雷针一样，将雷电引向自身，并安全导入大地，使其保护范围内的导线或设备免遭直击雷。

图 3-33　接闪器

避雷带和避雷网加装于建筑物的边缘及凸出部分上，通过引下线和接地装置很好地连接，对建筑物进行保护。

所有接闪器都必须经过引下线与接地装置相连。

（二）避雷器

雷电发生时，雷电脉冲还可沿着与设备相连的信号线、电源线或其他金属管线侵入而使设备受损。

避雷器有管型避雷器、阀型避雷器、金属氧化物避雷器等多种类型。图 3-34 所示为各种避雷器的外形。

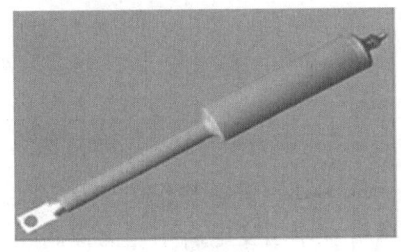
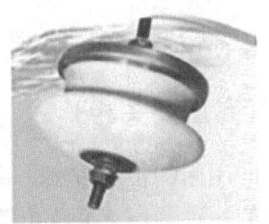

管型避雷器　　　　　　　　　　　　　　　　阀型避雷器

图 3-34　各种避雷器的外形

管型避雷器又称排气式避雷器，主要用于变配电所的进线保护和线路绝缘弱点的保护，性能较好的管型避雷器还可用于配电变压器。

阀型避雷器由火花间隙和阀片组成，装在密封的磁套管内。阀型避雷器的火花间隙组是由多个单间隙串联组成的。

阀型避雷器的工作原理如图 3-35 所示。正常运行时，间隙介质处于绝缘状态，仅有极小的泄漏电流通过阀片。当系统出现雷电过电压时，火花间隙很快被击

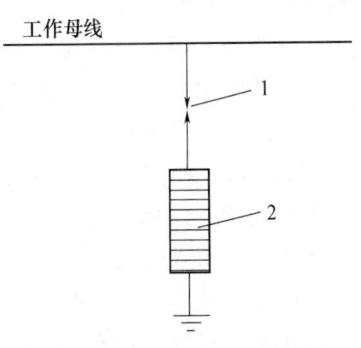

图 3-35　阀型避雷器原理结构图
1—间隙；2—电阻阀片

穿,使雷电冲击电流很容易通过阀性电阻而引入大地,释放过电压负荷,阀片在大的冲击电流下电阻由高变低,所以冲击电流在其上产生的压降(残压)较低,此时,作用在被保护设备上的电压只是避雷器的残压,从而使电气设备得到了保护。

任务五　成套设备

成套设备是制造厂成套供应的设备。成套设备是按电气主接线的要求,把开关设备、保护测量电器、母线和必要的辅助设备组合在一起,装配在一个或两个全封闭或半封闭的金属柜中,用来接受、分配和控制电能的总体装置。制造厂可生产各种不同一次线路方案的开关柜供用户选用。

一、成套设备的分类与特点

按电气设备安装的地点,可分为屋内成套设备和屋外成套设备。为了节约用地,一般35kV及以下成套设备宜采用屋内式。

按电压等级分成高压成套设备和低压成套设备,也可按结构形式分为固定式和移开式(抽屉式),或按开关柜隔离构成形式分为铠装式、间隔式、箱形、环网柜等。根据一次线路安装的主要元器件和用途,成套设备又可分为很多种柜,如油断路器柜、负荷开关柜、熔断器柜、电压互感器柜、隔离开关柜、避雷器柜等。

一般牵引变电所中常用的成套配电装置有高压成套设备(也称高压开关柜)和低压成套设备。低压成套设备只有屋内式一种,高压开关柜则有屋内式和屋外式两种。另外还有一些成套设备,如高、低压无功功率补偿成套装置,高压综合启动柜、低压动力配电箱及照明配电箱等在变电所也常使用。

二、高压成套配电装置(高压开关柜)

高压成套配电装置就是按不同用途的接线方案,将所需的高压设备和相关一、二次设备按一定的线路方案组装而成的一种高压成套配电装置。在牵引变电所中作为控制和保护发电机、变压器和高压线路之用,也可作为大型高压交流电动机的启动和保护之用,对供配电系统进行控制、监测和保护。其中安装有开关设备、保护电器、监测仪表和母线、绝缘子等。

高压开关柜有固定式和手车式(移开式)两大类型。固定式高压开关柜柜内所有电器部件都固定在不能移动的台架上,构造简单,也较为经济。我国现在大量生产和广泛应用的固定式高压开关柜主要为GG-1A(F)型。这种防误型开关柜装设了防止电气误操作和保障人身安全的闭锁装置,即所谓"五防":①防止误分、误合断路器;②防止带负荷误拉、误合隔离开关;③防止带电误挂地线;④防止带接地线误合隔离开关;⑤防止人员误入带电间隔。

固定式高压开关柜外形示意图如图3-36所示。

手车式(或移开式)高压开关柜是一部分电器部件固定在可移动的手车上,另一部分电器部件装置在固定的台架上。当高压断路器出现故障需要检修时,可随时将其手车

项目三 牵引变电所的主要电气设备

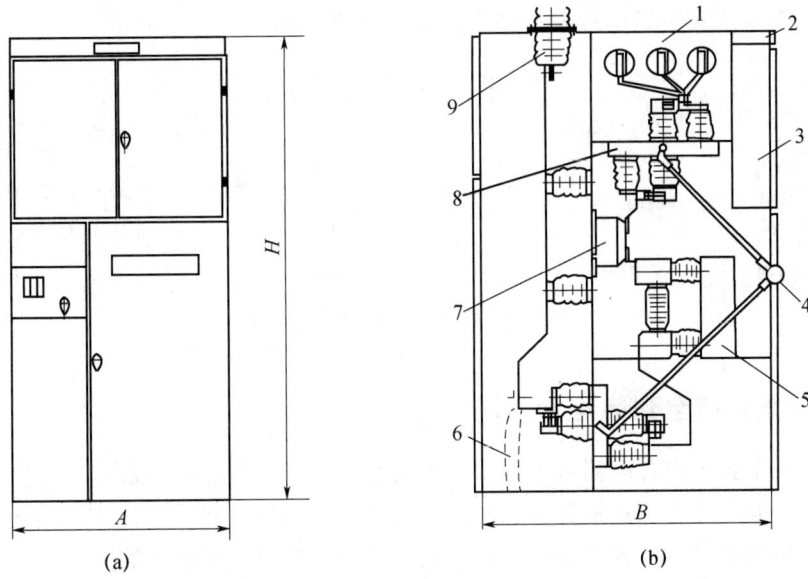

(a)　　　　　　　　　(b)

图 3-36 GG-1FQ 箱式固定柜外形示意图

1—母线室；2—小母线通道；3—仪表室；4—操作及连锁机构；5—整体式真空断路器；
6—电缆出线；7—电流互感器；8—隔离开关；9—架空出线；A、B、H—开关柜外形尺寸

拉出，然后推入同类备用小车，即可恢复供电。因此，采用手车式开关柜检修方便安全，恢复供电快，可靠性高，但价格较贵。

图 3-37 为 GC-10（F）型手车式高压开关柜的外形结构图。

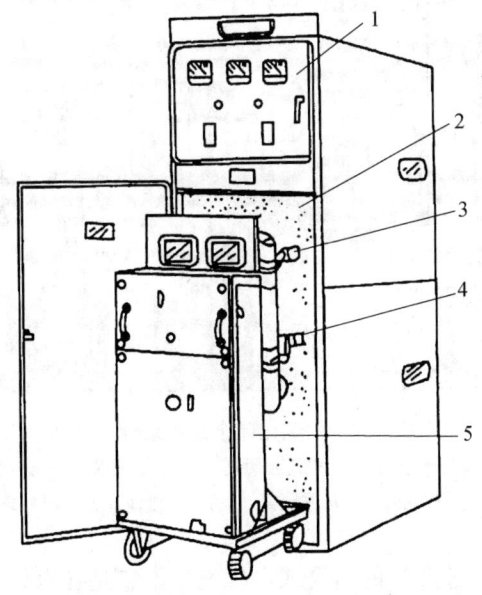

图 3-37 GC-10（F）型手车式高压开关柜

1—仪表屏；2—手车室；3—上触头；4—下触头（兼起隔离开关作用）；5—SN10-10 型断路器手车

高压开关柜在 6～10kV 电压等级的工厂变配电所户内配电装置中应用广泛，35kV 高压开关柜目前国内仅生产户内式的。

71

新系列高压开关柜的型号表示和含义如图3-38所示。

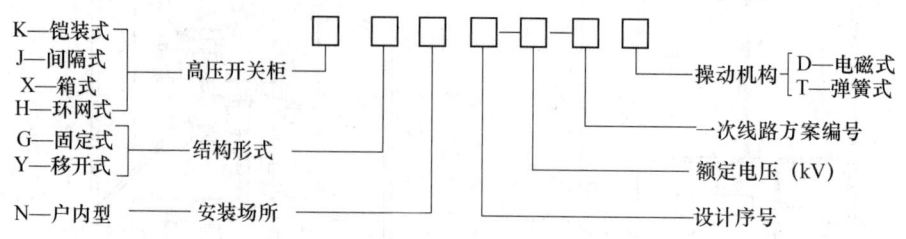

图3-38 高压开关柜的型号说明

三、六氟化硫全封闭组合电器

六氟化硫全封闭组合电器（图3-39）是将变电所一次接线中的高压电器元件——断路器、母线、隔离开关、接地开关、电流互感器、电压互感器、避雷器、出线套管、电缆终端等的组合全部元件封闭于接地的金属桶体内，充以一定压力的六氟化硫气体，形成以六氟化硫为绝缘介质的金属封闭式开关设备，并通过电缆终端、进出线套管或封闭母线与外界相连。

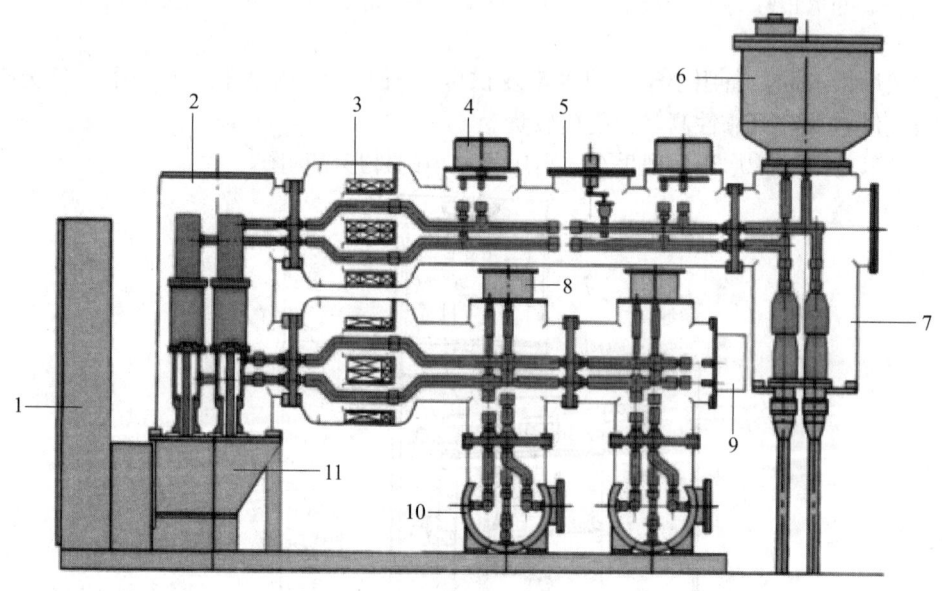

图3-39 六氟化硫全封闭组合电器
1—汇控柜；2—断路器；3—电流互感器；4—接地开关；5—出线隔离开关
6—电压互感器；7—电缆终端；8—母线隔离开关；9—接地开关；10—母线；11—操动机构

全封闭组合电器是一种新型的组合式电气设备，它是在六氟化硫断路器的基础上进一步发展形成的，把各种控制和保护电器全部进行封闭的组合电气设备。由于六氟化硫气体绝缘性能优越，所以组合电器体积小，能节省变电站占地面积，使变电站建设成本降低。

在地铁变电所中，由于空间相对较小，对设备之间的安全距离、设备检修等方面有较高的要求,十分适合采用封装式的组合电器。

全封闭组合电器(GIS)具有很大的优越性,但前提条件是封装的电气设备要具有很高的可靠性。由于六氟化硫气体具有很高的绝缘强度,采用全封闭组合电器可缩小各元件之间的绝缘距离,从而使整套配电装置的占地面积和空间体积缩小,且现场的施工工作量大大减少。电气设备进行封装以后,避免了各种恶劣环境的影响,减小了设备故障的可能性,提高了人身安全和设备检修周期。

【复习与思考】

练习:

1. 城轨交通牵引变电所的类型有哪些?
2. 城轨交通牵引变电所中有哪些类型的设备?
3. 简述整流机组的结构原理。
4. 互感器在电力系统中有什么作用?
5. 互感器在使用中要注意什么?
6. 为什么运行中电流互感器不允许开路?而电压互感器不允许短路?
7. 高压断路器的作用是什么?
8. 简述高压断路器的结构及各部分功能。
9. 高压隔离开关在线路中的主要作用是什么?
10. 隔离开关配合断路器进行停、送电操作时,应遵守的安全操作规定是什么?
11. 高压负荷开关、高压熔断器的作用是什么?
12. 高压开关柜的"五防"是什么?
13. 什么是GIS组合电器?它在应用当中有哪些优点?

想一想:

1. 城市轨道交通牵引变电所的设备有哪些类型?各起什么作用?
2. 整流机组为什么要两台变压器和整流器并联运行?
3. 在带电检修和更换二次仪表、继电器时,应该如何操作?
4. 隔离开关为什么要倒闸操作?
5. 负荷开关和隔离开关在结构原理上有哪些区别?
6. 熔断器的保护特性是什么?与哪些因素有关?
7. 避雷器的各部分结构有什么作用?它是如何起到保护作用的?
8. 六氟化硫全封闭组合电器在应用中有哪些优点?

项目四　变电所的电气接线

【知识目标】

1. 理解典型的电气主接线形式及其特点；
2. 掌握变电所常见的电气主接线；
3. 掌握牵引变电所的控制、信号回路；
4. 掌握电气接线图的识别。

【能力目标】

1. 能辨别变电所的电气主接线图；
2. 会分析牵引变电所的电气主接线的原理；
3. 能分析牵引变电所控制、信号回路的工作原理。

【问题导入】

在牵引变电所内，各种电气设备之间主要是依靠电气接线来传输电能的。为满足预定的功率传送和运行要求，电气接线的形式必须满足供电可靠性、运行灵活性和经济合理性的要求，能够反映正常和事故情况下的供送电情况。那么，变电所内的电气主接线有哪些形式？这些形式各有什么特点？城市轨道交通供电系统中的变电所又是采用哪些接线方式？面对一张电气接线图，你该如何去读懂它？

任务一　电气主接线形式

一、电气主接线概述

变电所的电气主接线是指由变压器、断路器、开关设备、母线等及其连接导线所组成的接受和分配电能的电路。电气主接线反映了变电所的基本结构和功能，在运行中，它能标明电能输送和分配的关系以及变电所一次设备的运行方式，成为实际运行操作的依据。在设计中，主接线的确定对变电所的设备选择、配电装置布置、继电保护配置和计算、自动装置和控制方式选择等都有重大影响。此外，电气主接线对牵引供电系统运行的可靠性、电能质量、运行灵活性和经济性起着决定性作用，因此，电气主接线是变电所的主体部分。

二、对电气主接线的基本要求

电气主接线的选择正确与否对电力系统的安全、经济运行，对电力系统的稳定和调度的灵活性，以及对电气设备的选择、配电装置的布置、继电保护及控制方式的拟定等都有重大的影响。在选择电气主接线时，应注意发电厂或变电所在电力系统中的地位、进出线回路数、电压等级、设备特点及负荷性质等条件，并应满足下列基本要求。

（一）保证必要的供电可靠性和电能的质量

保证在各种运行方式下牵引负荷以及其他动力的供电连续性。牵引负荷是一级负荷，中断供电将造成重大经济损失与社会影响，甚至造成人员伤亡，所以，高质量、连续的供电是对电气主接线的首要要求。因此，应明确下列几点：

（1）断路器检修时是否影响供电；

（2）设备或线路故障或检修时，停电线路数量的多少和停电时间的长短，以及能否保证对重要用户的供电；

（3）有没有使发电厂或变电所全部停止工作的可能性等。

（二）具有一定的运行灵活性

电气主接线不仅在正常运行情况下能根据调度的要求灵活地改变运行方式，实现安全、可靠、经济的供电；而且在系统故障或电气设备检修及故障时，能尽快地退出设备、切除故障，使停电时间最短、影响范围最小，并且在检修设备时能保证检修人员的安全。

（三）操作应尽可能简单、方便

这就要求主接线力求简捷、明了，没有多余的电气设备，投入或切除某些设备和线路的操作方便，避免误操作。

（四）应具有扩建的可能性

随着经济的高速发展，铁路和城市交通的运量相应迅速增长，变电所增容，增加馈线和其他设备的改建、扩建经常存在，因此，电气主接线的设计应当长远规划，精心设计，给将来的扩建留有余地。特别是在城市轨道交通变电所设计中，还应注意场地条件安排与城市规划发展相结合。

（五）技术上先进，经济上合理

应使主接线投资与运行费用达到经济、合理。经济性主要取决于母线的结构类型与组数、主变压器容量、结构形式和数量、高压断路器数量、配电装置结构类型和占地面积等因素。经济性往往与可靠性之间存在着矛盾，要增强主接线的可靠性与灵活性，就需增加设备和投资。因此，在确定主接线的形式时，要进行经济技术比较，在安全可靠、运行灵活的前提下，尽量使投资和运行费用最省。

三、电气主接线的基本类型

变电所的变压器与馈线之间采用什么方式连接，以保证工作可靠、灵敏是十分重要的问题，解决的措施是采用母线制。应用不同的母线连接方式，可使在变压器数量少的情况下也能向多个用户供电，或者保证用户的馈线能从不同的变压器获得电能。母线又称汇流排，在原理上它是电路中的一个电气节点，它起着汇集变压器的电能和给各用户的馈电线分配电能的作用，所以，若母线发生故障，将使用户供电全部中断。故在主接线的设计中，选择什么样的母线制就显得特别重要。

母线是接受和分配电能的装置,是电气主接线和配电装置的重要环节。电气主接线一般按有无母线分类,即分为有母线和无母线两大类。

(一)有母线的主接线形式

有母线的主接线形式包括单母线和双母线。

1. 单母线接线

母线是一种把电能汇聚在一起后进行重新分配的导线,也称汇流排,单母线接线原理如图 4-1 所示。

2. 双母线接线

双母线接线的两条母线之间通过母联断路器连接,每条馈线都通过两台隔离开关和两条母线相连,正常时母联断路器断开,如图 4-2 所示。

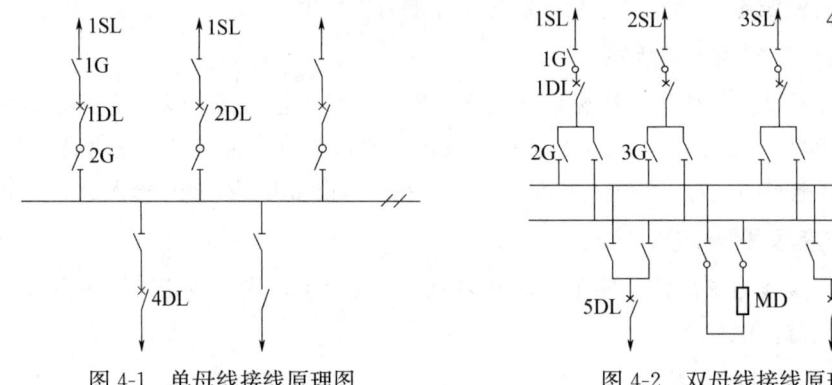

图 4-1 单母线接线原理图　　　图 4-2 双母线接线原理图

(二)无母线的主接线形式

无母线的主接线形式主要有桥形接线、单元接线和角形接线等。

桥形接线:当牵引变电所电源有两条线路和两台变压器时,一般采用桥形接线,两条线路间设置有带桥联断路器的连接桥跨条。根据桥的位置,桥形接线可分为内桥和外桥接线,内桥接线的连接桥跨条设置在牵引变压器外侧和断路器内侧,如图 4-3(a)所示;外桥接线的连接桥跨条设置在高压断路器外侧,如图 4-3(b)所示。

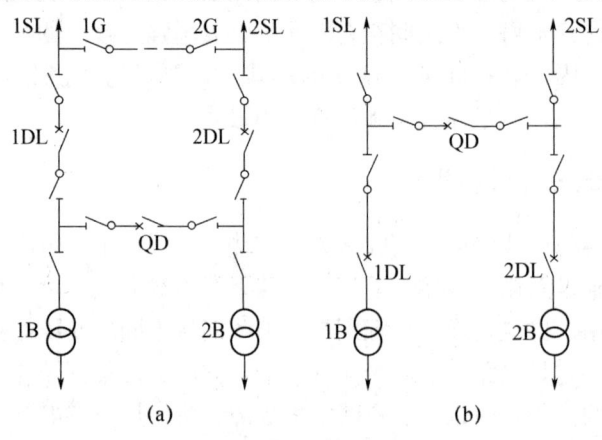

图 4-3 桥形接线示意图

四、电气主接线图

用规定的设备文字和图形符号将各电气设备按连接顺序排列，详细表示电气设备的组成和连接关系的接线图，称为电气主接线图。电气主接线图一般画成单线图（即用单相接线表示三相系统）。

主接线图常用的图形符号见表 4-1。

表 4-1 主接线图常用的电气设备图形符号和文字符号

电气设备名称	文字符号	图形符号	电气设备名称	文字符号	图形符号
刀开关	QK		母线	W	
			导线、线路	W	
断路器（自动开关）	QF		三相导线		
隔离开关	QS		端子	X	
负荷开关	QL		电缆及其终端头		
熔断器	FU		交流发电机	G	
熔断器式开关	S		交流电动机	M	
阀式避雷器	F		单相变压器	T	
三相变压器	T		电压互感器	TV	
三相变压器	T		三绕组变压器	T	
电流互感器（具有一个二次绕组）	TA		三绕组电压互感器	TV	
电流互感器（具有两个铁芯和两个二次绕组）	TA		电抗器	L	
			电容器	C	

任务二　变电所电气主接线

地铁、轻轨交通直流牵引变电所一般设在地下或地面的城市闹市区街道两侧。受环境条件制约及安全保障的需要，列车牵引、通信信号电源、站厅事故照明和必要的安全环卫设施（通风、排水、防灾、消防和自动扶梯等）都属一级负荷，它们对不间断供电的要求基本相同，此外还有其他的二、三级动力和照明负荷。全部负荷都由同一专用的环形供电系统网络所属的直流牵引变电所、降压变电所（动力用电）以及牵引、降压混合变电所供电，各变电所间设有互联网络。这使得直流牵引变电所电气主接线的结构和运行变得更加复杂；同时，为节约占地面积，节省昂贵的土建造价和满足防火、防灾需要，主接线变配电设备的选择也有其特殊性，应使用干式、高效率的成套设备，这对主接线和配电装置的结构有直接影响。

此外，还应考虑整流机组类型（整流、可控整流或整流-逆变型）及其整流（逆变）接线方式对主接线的结构和运行的重大影响。

下面，分别举例介绍主变电所、牵引变电所、降压变电所的主接线。

一、主变电所电气主接线

主变电所的作用是将城市电网的高压（110kV 或 220kV）电能降压后以相应的电压等级（3kV 或 10kV）分别供给牵引变电所和降压变电所。为保证供电的可靠性，在选择电气主接线时，应注意发电厂或变电所在电力系统中的地位、进出线回路数、电压等级、设备特点及负荷性质等条件。城市轨道交通主变电所高压侧与城市电网之间应设明显的电气分断点。

（一）线路-变压器组接线

（1）主变电所两路高压电源进线（如110kV），可以都是专线，也可以是一路专线，另一路"T"接。高压侧主接线采用线路-变压器组、两断路器的形式，如图 4-4（a）所示。

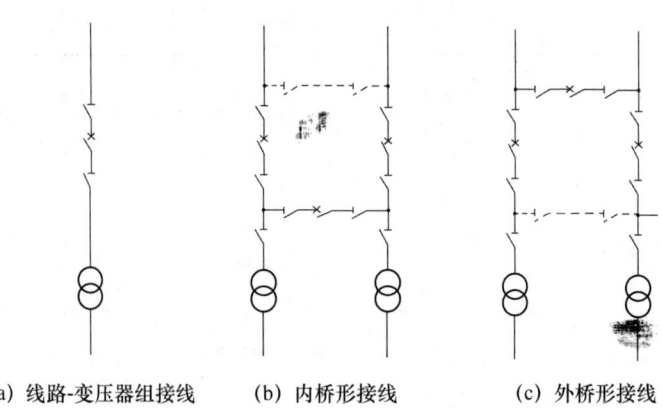

(a) 线路-变压器组接线　　(b) 内桥形接线　　(c) 外桥形接线

图 4-4　线路-变压器组接线及桥形接线

(2) 这种接线的优点是接线简洁、高压设备少、占地少、投资省、继电保护简单。

(3) 在正常运行方式下，两路线路各带一台主变压器。

(4) 如主变压器一、二级负荷的负载率较低，系统发生故障时，恢复供电操作十分方便。当一台主变压器或一条线路发生故障退出运行时，只需在主变电所中压侧做转移负载操作，由另一路进线电源的主变压器承担本主变电所范围内的全部一、二级用电负荷，对相邻主变电所无影响。

(5) 如主变压器一、二级负荷的负载率较高，当主变压器或线路发生故障时，需要通过相邻主变电所联络来转移部分负荷，实现相互支援。

(6) 适用范围：主变电所不设高压配电装置，一台主变压器退出时，其他主变压器能承担本主变电所供电范围内的全部一、二级负荷。线路-变压器组接线形式被广泛应用于城市轨道交通主变电所。

(二) 内桥形接线

(1) 主变电所两路高压电源进线（如 110kV），可以都是专线，也可以是一路专线，另一路"T"接。高压侧主接线采用内桥形接线形式，如图 4-4（b）所示。

(2) 这种接线的优点是有 3 台断路器，需要的断路器较少，而且线路故障操作简单方便，系统接线清晰。

(3) 在正常运行方式下，桥联断路器打开，类似于线路-变压器组接线，两路线路各带一台主变压器。

(4) 因内桥形接线线路侧装有断路器，线路的投入和切除十分方便。当送电线路发生故障时，只需断开故障线路的断路器，不影响另一回路正常运行。需要时也可以合上桥联断路器由一路进线带两台主变压器。但主变压器故障时，则与该变压器连接的两台断路器都要断开，从而影响了另一回未故障线路的正常运行。另外，桥联断路器检修时，电源线路需较长时间停运；出线断路器检修时，电源线路也需较长时间停运。

(5) 因主变压器运行可靠，其故障率低于线路故障率，且主变压器也不需要经常切换，因此这种主接线形式应用较多。

(6) 适用范围：对于电源线路较长、故障率较高的情况，采用这种接线方式可以提高供电可靠性。

(三) 外桥形接线

(1) 主变电所两路高压电源进线（如 110kV）可以都是专线，也可以是一路专线，另一路"T"接。高压侧主接线采用外桥形接线形式，如图 4-4（c）所示。

(2) 这种接线的优点是有 3 台断路器，需要的断路器较少。

(3) 在正常运行方式下，外桥联断路器打开，类似于线路-变压器组接线，两路线路各带一台主变压器。当一路进线电源失电后，外桥联断路器合闸，由另一路进线电源向分挂在两段母线上的两台主变压器供电，承担本主变电所范围内的全部一、二级用电负荷，根据供电系统负荷变动情况，确定三级负荷的切除与保留。

(4) 线路的投入和切除不十分方便，需操作两台断路器，并有一台主变压器暂时停运。桥联断路器检修时，两个回路需解列运行；主变压器侧断路器检修时，主变压器需较长时期停运。

(5) 适用范围：电源线路较短，故障率较少。当电源线路有穿越功率时，也可采用。根据目前国内城市电网情况，城市轨道交通主变电所属终端变电所，没有穿越功率，因而基本不采用这种接线形式。

（四）中压侧主接线形式

(1) 主变电所中压侧一般采用单母线分段形式，并设置母线分段开关，如图4-5所示。

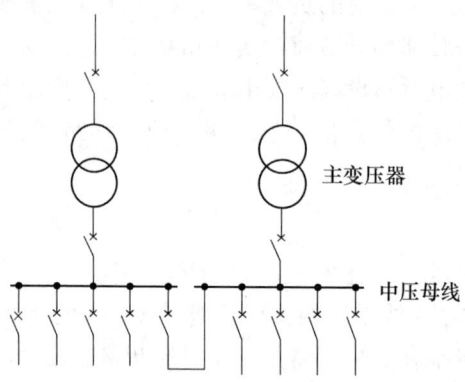

图4-5 主变电所中压侧单母线分段主接线

(2) 这种接线的优点：正常情况下，两段母线分列运行；牵引变电所和降压变电所可以从不同母线段取得中压电源；当主变电所一段中压母线失电时，另一段中压母线可以迅速恢复对牵引变电所和降压变电所供电。

(3) 当一路高压进线失电或一台主变压器退出后，通过中压母线分段开关迅速合闸，由另一台主变压器承担本主变电所范围内的全部一、二级用电负荷，根据供电系统负荷变动情况，确定是否切除三级负荷。

(4) 当一段中压母线故障时，该段母线上的进线开关分闸，同时该段母线上馈线所接的第一级牵引或降压变电所进线开关也应失压跳闸；根据中压供电网络运行方式，由主变电所的另一段中压母线继续供电。

二、牵引变电所电气主接线

牵引变电所的功能是将城市电网区域变电所或地铁主变电所送来的35kV电能经过降压和整流变成牵引所用的直流电能，牵引变电所主接线由交流中压开关设备、牵引整流机组、直流开关设备等几部分组成。主接线应满足可靠性、灵活性和经济性的基本要求。

主接线的可靠性包括一次部分和相应二次部分综合的可靠性，其很大程度取决于设备的可靠性，采用可靠性高的电气设备可以简化接线。具体要求为：开关发生故障或检修时，不影响或减少对牵引负荷的供电；母线发生故障或检修时，短时间内恢复送电，对列车正常运行影响降到最小。

主接线应满足调度、检修的灵活性要求。在故障运行方式、检修运行方式以及特殊运行方式下，调度时可以灵活地投入和退出开关或整流机组，检修时可以方便地停运开关及其继电保护设备而不致影响系统运行。

主接线在满足可靠性、灵活性要求的前提下还应做到经济合理。

(一) 中压主接线

本节重点介绍中压母线形式及牵引整流机组设置形式。

上海地铁1号线最早采用牵引动力照明独立网络，牵引网络为33kV单母线接线形式，母线不分段。德黑兰地铁1号线采用牵引动力照明独立网络，牵引网络为20kV三段母线接线形式，设置两组母线分段开关。国内大部分城市轨道交通采用牵引动力照明混合网络，分段单母线接线形式，设置母线分段开关。

对于牵引变电所，两套牵引整流机组设置有两种形式：一是分别接至两段母线（目前，已不再采用）；二是同接一段母线。

对于中压网络，考虑牵引负荷均衡性，相邻牵引变电所的牵引整流机组应交叉挂在不同母线上。当供电分区内某一回中压电源电缆失电导致所有牵引变电所同段母线短时退出时，仍能保证部分牵引变电所继续运行，为避免牵引整流机组超出允许的过载能力，调度中心应及时调整中压网络运行方式。

中压主接线形式有如下几种：

1. 两套牵引整流机组分别接至两段母线

在牵引变电所两段母线电压平衡或差别甚微情况下，两套牵引整流机组分别接至两段母线，单套牵引整流机组为12脉波整流，如图4-6所示。当牵引变电所两段母线电压不平衡时，容易引起两套牵引整流机组输出负荷不均衡，有时差别比较大，造成一套重载另一套轻载。在两套牵引整流机组输出侧设置平衡电抗器，实现两套牵引整流机组的输出负荷一致性。

经实践证明，这种接线形式效果不理想，电源电压误差将导致牵引整流机组选择困难。

2. 两套牵引整流机组同接一段母线

为了平衡两套牵引整流机组的输出负荷，将两套牵引整流机组接在同一段中压母线上，构成等效24脉波整流，利于谐波治理。当一套牵引整流机组故障退出后，另一套牵引整流机组在过负荷允许的情况下可以继续维持运行。

3. 单母线接线

牵引变电所中压侧单母线不分段。母线引入两个电源，并根据工程实际条件和需要组建中压网络结构方案，如图4-7所示。

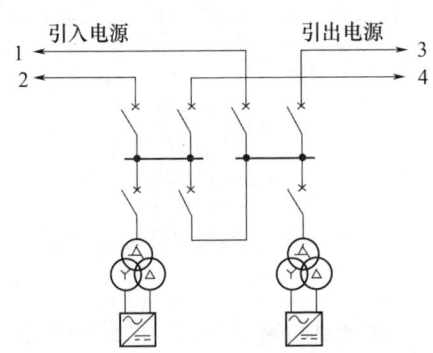

图4-6 两套牵引整流机组分别接至两段母线示意图

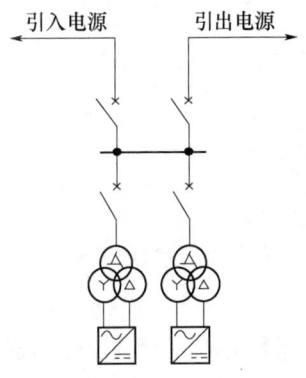

图4-7 单母线接线示意图

正常运行时,一个进线电源供电,并向相邻牵引变电所供电。

中压部分包括中压开关、电压互感器、电流互感器、微机综合测控保护装置等主要设备。设备配置如下:

(1) 中压开关:进线、联络以及馈线开关可采用真空断路器,利于继电保护设置和运行灵活性。进线、联络开关也可以采用负荷开关,应注意负荷开关的短时耐流能力不得小于开关下口的短路容量,由于该方式无法设置继电保护,对系统恢复送电的及时性有一定影响。

(2) 电压互感器:主要为测量(计量)提供电压信号,为联锁提供电压信号。

(3) 微机综合测控保护装置:集保护、控制、联锁、测量为一体的综合装置,配有与变电所综合自动化系统连接的通信接口,是变电所综合自动化系统的基础设备。

单母线不分段接线简单,造价低,但可靠性较低。

4. 分段单母线接线

牵引变电所中压侧采用分段单母线接线方式,设分段开关。每段母线各引入一个进线电源,并根据中压网络结构方案在牵引变电所中压母线上设置联络开关或应急联络开关,如图4-8所示。

正常运行时,两个独立的进线电源同时供电,两段母线分列运行。

中压部分包括中压开关、隔离手车、电压互感器、电流互感器、微机综合测控保护装置等主要设备。

设备基本配置参见单母线接线。

分段单母线接线较为复杂,造价较高,但可靠性大为提高。

5. 三段母线接线

设两段进线电源母线和一段牵引整流机组工作母线。两段进线电源母线分别接至Ⅰ段和Ⅲ段母线,两套牵引整流机组接于牵引整流机组工作母线。两段进线电源母线和一段牵引整流机组工作母线分别用断路器分段,通过分段断路器进行两路进线电源的自动切换,如图4-9所示。

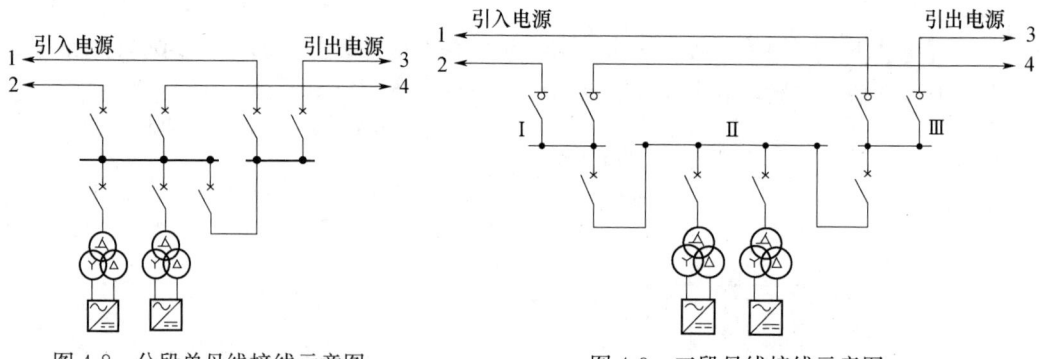

图4-8 分段单母线接线示意图　　图4-9 三段母线接线示意图

正常运行时,一台分段断路器合闸,另一台分段断路器分闸,两路中压进线电源分列运行。

中压部分包括中压开关、隔离手车、电压互感器、电流互感器、微机综合测控保护装置等主要设备。

设备基本配置参见单母线接线。

三段母线接线形式造价较高，但可靠性很高。

(二) 直流主接线

直流侧主接线按照母线形式有单母线系统、双母线系统两种主要形式，因设备配置及运行方式的差异，可以演变出多种形式。

A 型单母线系统，进线为直流断路器，设置纵向电动隔离开关；

B 型单母线系统，进线为电动隔离开关，设置纵向电动隔离开关；

C 型双母线系统，进线为直流断路器，不设置纵向电动隔离开关；

D 型双母线系统，进线为直流断路器，设置纵向电动隔离开关。

A、B、C、D 四种类型属于常用接线形式，还有一些其他形式，如双母线系统，进线为电动隔离开关，设置纵向电动隔离开关；双母线系统，进线为电动隔离开关，不设置纵向电动隔离开关；单母线系统，进线为直流断路器，不设置纵向电动隔离开关；单母线系统，进线为电动隔离开关，不设置纵向电动隔离开关。由于这些类型是从 A、B、C、D 型接线形式演变出来的，且应用很少，因而下面仅描述 A、B、C、D 型接线形式。

1. A 型单母线系统

A 型主接线为单母线系统，两路进线采用直流断路器，设置四路直流馈出线。牵引整流组的负极采用电动隔离开关，为实现自动化、远动调度操作提供条件。同一馈电区电分段处上行和下行之间设有纵向电动隔离开关，如图 4-10 所示。除北京地铁外，国内其他线路多采用 A 型主接线系统。接线形式简单实用，可靠性高。在上行、下行同一馈电区电分段处设置一台纵向电动隔离开关，当牵引变电所退出运行，可以通过它实现大双边供电。

A 型单母线系统在牵引整流机组、直流进线、直流母线、直流馈线开关故障或检修退出时，均能实现不影响直流牵引供电系统运行的要求，系统运行的可靠性很高，造价较低。

由于没有直流馈线备用开关，可采用较为简单的运行方式：任一台馈线开关退出时需要相邻牵引变电所进行大双边供电。

由于隔离开关的电气特性，使纵向电动隔离开关的操作限制条件较多，判断时间较长，正常双边供电转为大双边供电时间也较长。

2. B 型单母线系统

在 A 型单母线系统基础上，将进线直流快速断路器改为电动隔离开关，如图 4-11 所示。进线开关采用电动隔离开关，设备造价较低。由于其进线开关采用了电动隔离开关，联锁关系复杂，另外母线发生故障时，中压开关跳闸时间较长，一般为 65ms，不利于母线故障的迅速切除。

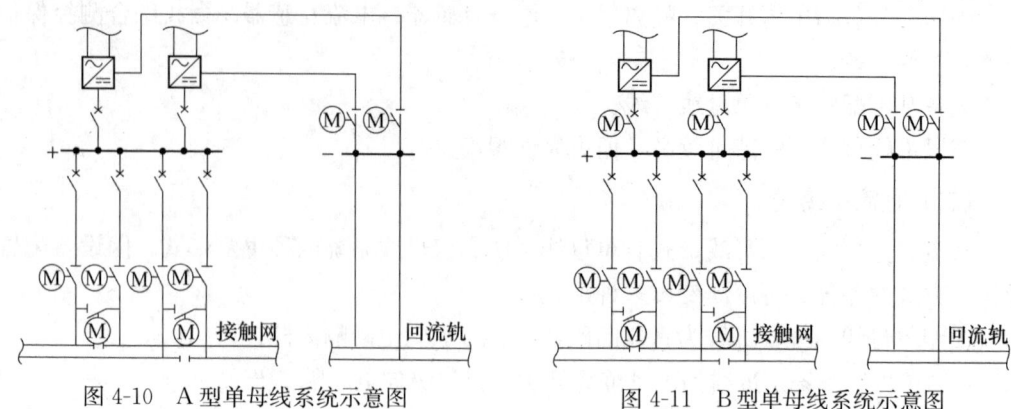

图 4-10　A 型单母线系统示意图　　　　图 4-11　B 型单母线系统示意图

3. C 型双母线系统

C 型主接线为双母线系统,设有工作母线、备用母线和旁路开关。两路进线采用直流断路器,设置四路直流馈线,工作母线和备用母线之间设有备用直流断路器。牵引整流机组的负极采用电动隔离开关,为实现自动化、远动调度操作提供条件,如图 4-12 所示。

备用直流断路器可以代替四路馈线开关中的任何一个,具备馈线开关的所有功能,包括合闸线路测试功能、与相邻牵引变电所相同供电分区馈出线的双边联跳以及所内故障联跳功能等,属于热备用的直流馈线开关。

如牵引变电所两套牵引整流机组退出,可利用主母线构成大双边供电。如其中馈线开关(断路器)同时退出,而备用母线完好,仍可利用备用母线构成大双边供电。

4. D 型双母线系统

在 C 型双母线系统基础上,同一馈电区电分段处上行和下行增加了纵向电动隔离开关,当牵引变电所整体退出运行时,可以通过它构成大双边供电。D 型双母线系统联络关系比较复杂,如图 4-13 所示。

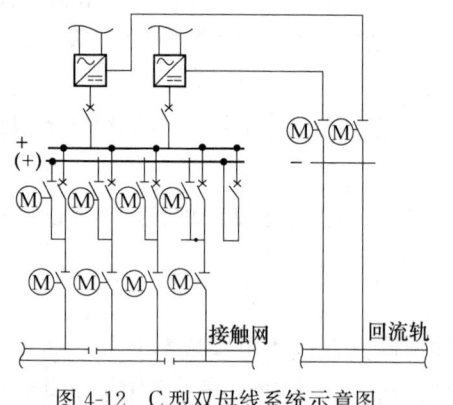
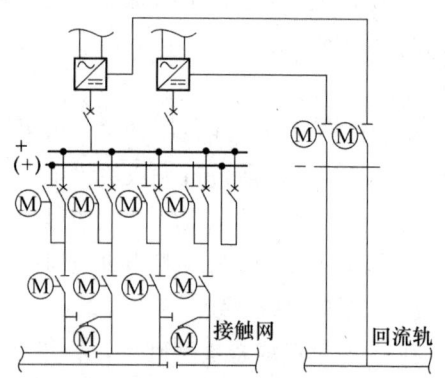

图 4-12　C 型双母线系统示意图　　　　图 4-13　D 型双母线系统示意图

D 型双母线系统在牵引整流机组、直流进线、直流母线、直流馈线开关故障或检修退出时,均能实现不影响直流牵引供电系统运行的要求,系统运行的可靠性很高,但造价也高。

设置备用直流断路器后,使每个馈线开关柜增加一台旁路电动隔离开关。电动隔离开关较多,增加了操作联锁的复杂性。

由于隔离开关的电气特性,使纵向电动隔离开关的操作限制条件较多,操作判断时间较长,正常双边供电转为大双边供电时间也较长。

主接线类型简单比较见表 4-2。

表 4-2　主接线类型简单比较表

内容	A 型	B 型	C 型	D 型
可靠性	较高	较高	很高	很高
灵活性	较高	较高	很高	很高
经济性	较好	好	较差	差
联锁	简单	较简单	较复杂	复杂

三、降压变电所电气主接线

地铁、轻轨交通降压变电所是为车站与线路区间的动力、照明负荷和通信信号电源供电而设置的,可与直流牵引变电所合并,形成牵引、降压混合变电所,但多数是单独设置的。

降压变电所中压主接线形式与降压变电所的位置、中压网络构成形式及运行方式、服务对象有关。降压变电所主接线由交流中压开关设备、配电变压器、交流低压开关设备等几部分组成。

(一) 中压主接线

中压主接线一般为分段单母线,根据系统运行需要,可设或不设母线分段开关。跟随式降压变电所一般采用线路-变压器组接线。单台配电变压器正常负载率宜在 70% 左右,并应满足本降压变电所一、二级低压负荷的用电要求。

1. 分段单母线接线(设母线分段开关)

降压变电所中压电源侧为分段单母线,设母线分段开关,母线分段开关可手动和自动操作。降压变电所在两段母线上各设一台配电变压器,其接线组别采用 D、Yn_{11},如图 4-14 所示。

中压部分包括中压开关、中压隔离手车、电压互感器、电流互感器、微机综合测控保护装置等主要设备。

(1) 中压开关:进线、联络、馈出以及分段开关可采用真空断路器,利于继电保护设置和运行方式的灵活性。进线、联络以及分段开关也可以采用负荷开关,应注意负荷开关的短时耐流能力不得小于开关下口的短路容量,弊端是由于无法设置继电保护,对系统恢复送电的及时性有一定影响。馈出开关也可以采用负荷开关加配熔断器组合电器。

(2) 中压隔离手车:母线分段开关连接两段母线时,由于制造工艺的需要,隔离手车起母线转换作用。

(3) 电压互感器：主要为测量（计量）提供电压信号，为联锁提供电压信号。

(4) 微机综合测控保护装置：集保护、控制、联锁、测量为一体的综合装置，配有与变电所综合自动化系统连接的通信接口，是变电所综合自动化系统的基础设备。

2. 分段单母线接线（不设母线分段开关）

降压变电所中压电源侧为分段单母线，不设母线分段开关。降压变电所在两段母线上各设一台配电变压器，变压器接线组别采用 D、Yn_{11}，如图 4-15 所示。

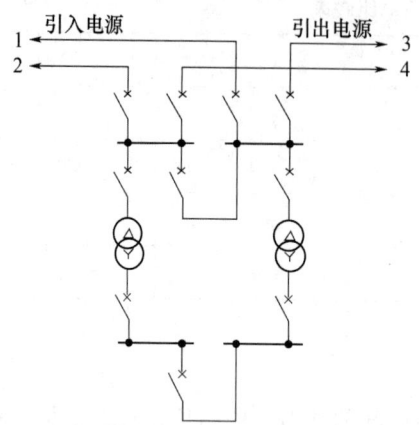
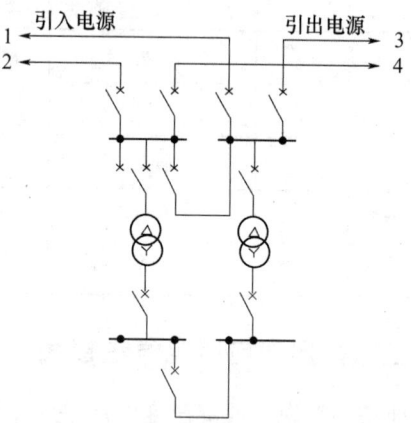

图 4-14 分段单母线接线示意图（1）　　图 4-15 分段单母线接线示意图（2）

中压部分包括中压开关、电压互感器、电流互感器、微机综合测控保护装置等主要设备。除无母线分段开关外，其余设备配置参见设置母线分段开关接线。

城轨供电系统的中压网络一般为单环网、双环网结构形式，也有采用放射式结构形式的，以保证降压变电所两个独立电源进线的要求。单台配电变压器容量应满足降压变电所全部一、二级用电负荷的用电要求，当只有单台配电变压器运行时，对车站、区间、控制中心以及车辆段、停车场的正常运营不应构成影响。母线分段开关在技术上没有设置的必要性，取消母线分段开关，可以节省供电系统投资，但中压网络运行方式略欠灵活。

此类主接线形式应用较为广泛。

3. 线路-变压器组接线

线路-变压器组接线是由带熔断器的负荷开关（或断路器）和配电变压器组成。此接线形式一般用在跟随式降压变电所，如图 4-16 所示。

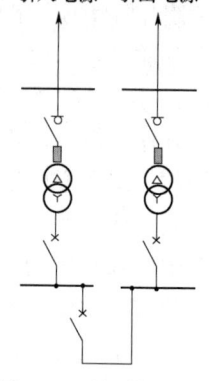

中压部分包括中压负荷开关、熔断器等主要设备。

(1) 中压负荷开关：可以带负荷操作，但不能切除故障，应注意负荷开关的短时耐流能力不得小于开关下口的短路容量。

图 4-16 线路-变压器组接线示意图

(2) 熔断器：与负荷开关配合，切除故障。

（二）低压主接线

1. 负荷分类及配电原则

(1) 一级负荷。变电所操作电源，通信系统设备，信号系统设备，自动售检票系统设备,屏蔽门/安全门设备,火灾自动报警系统设备,消防系统设备,设备监控系统设备,气体灭火系统设备,防护门,防淹门,区间射流风机及其他与防灾有关的风机、电动阀门,消防泵、车站废水泵及区间主排水泵、雨水泵,地下车站站厅、站台公共区的一般照明,应急照明,地下区间照明,兼做疏散用的自动扶梯,锅炉设备(东北地区)都属一级负荷。

站厅及站台照明由降压变电所两段低压母线分别供电,各带约50%的照明负荷,其他一级负荷应由双电源双回线路供电,当一个电源发生故障时,另一个电源不应同时受到破坏。

一级负荷中的特别重要负荷如变电所操作电源、火灾自动报警系统、通信系统、信号系统及应急照明系统还应设置不间断电源装置。

(2)二级负荷。与防灾无关的风机,污水泵,设备管理用房照明,不用于疏散的自动扶梯、电梯属二级负荷。

二级负荷宜由双回线路供电。对电梯及其他距变电所不超过半个站台有效长度的负荷,可采用双电源单回线路专线供电。

(3)三级负荷。空调制冷及水系统设备、广告照明、清扫电源、电热设备、锅炉设备(长江以南地区)属三级负荷。

三级负荷可为单电源单回线路供电,当系统中只有一个电源工作时允许切除该类负荷。

2. 低压主接线形式

0.4kV配电系统直接面向车站、区间的低压用户,从用电设备负荷分类来讲,一、二级负荷占绝大多数,对低压电源的可靠性要求高。主变电所、电源开闭所、中压网络等输变电环节采取了一系列措施以提高供电系统的可靠性,在0.4kV配电系统这一环节采用分段单母线接线,设母线分段开关,如图4-17所示。

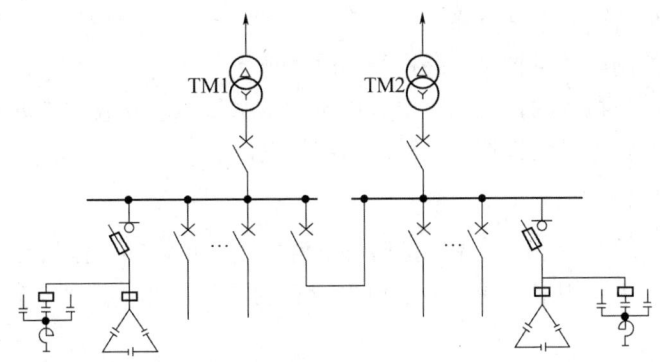

图4-17 低压主接线示意图

两段低压母线上的负荷应尽量均衡分配,与配电变压器安装容量相匹配。

采用低压集中补偿,0.4kV低压母线设电力电容器组,电容器通过无功功率补偿控制器进行分组循环投切。

任务三　牵引变电所的控制、信号电路

一、控制、信号电路概述

（一）控制电路

变电所在运行时，由于负荷的变化或系统运行方式的改变，经常需要操作切换断路器和隔离开关等设备。断路器的操作是通过它的操作机构来完成的，而控制电路就是用来控制操作机构动作的电气回路。

控制电路按照控制地点的不同，可分为就地控制电路及控制室集中控制电路两种类型。车间变电所和容量较小的总降压变电所的 6～10kV 断路器的操作，一般多在配电装置旁手动进行，也就是就地控制。总降压变电所的主变压器和电压为 35kV 以上的进出线断路器以及出线回路较多的 6～10kV 断路器，采用就地控制很不安全，容易引起误操作，故可由控制室远方集中控制。

按照对控制电路监视方式的不同，有灯光监视控制及音响监视控制电路之分。由控制室集中控制及就地控制的断路器，一般多采用灯光监视控制电路，只在重要情况下才采用音响监视控制电路。

控制电路应达到以下基本要求：

（1）由于断路器操作机构的合闸与跳闸线圈都是按短时通过电流进行设计的，因此控制电路在操作过程中只允许短时通电，操作停止后即自动断电。

（2）能够准确指示断路器的分、合闸位置。

（3）断路器不仅能用控制开关及控制电路进行跳闸及合闸操作，而且能由继电器保护及自动装置实现跳闸及合闸操作。

（4）能够对控制电源及控制电路进行实时监视。

（5）断路器操作机构的控制电路要有机械"防跳"装置或电气"防跳"措施。

上述 5 点基本要求是设计控制电路的基本依据。

（二）信号电路

在变电所运行的各种电气设备，随时都可能发生不正常的工作状态。在变电所装设的中央信号装置，主要用来示警和显示电气设备的工作状态，以便运行人员及时了解，采取措施。

中央信号装置按形式分为灯光信号和音响信号。灯光信号表明不正常工作状态的性质地点，而音响信号在于引起运行人员的注意。灯光信号通过装设在各控制屏上的信号灯和光字牌，表明各种电气设备的情况，音响信号则通过蜂鸣器和警铃的声响来实现，设置在控制室内。全所共用的音响信号，称为中央音响信号装置。

中央信号装置按用途分为事故信号、预告信号和位置信号。

事故信号表示供电系统在运行中发生了某种故障而使继电保护动作。如高压断路器因线路发生短路而自动跳闸后给出的信号即为事故信号。

项目四 变电所的电气接线

预告信号表示供电系统运行中发生了某种异常情况，但并不要求系统中断运行，只要求给出指示信号，通知值班人员及时处理即可。如变压器保护装置发出的变压器过负荷信号即为预告信号。

位置信号用以指示电气设备的工作状态，如断路器的合闸指示灯、跳闸指示灯均为位置信号。

二、高压断路器的控制、信号回路

图 4-18 所示为 LW2-Z 型控制开关触点表的示例，它有六种操作位置。图 4-19 所示为常用的断路器的控制回路和信号回路，其动作原理如下：

在"跳闸后"位置的手柄（正面）的样式和触点盒（背面）接线图																	
手柄和触点盒形式	F_g	1a		4		6a			40			20			20		
触点号		1-3	2-4	5-8	6-7	9-10	9-12	10-11	13-14	14-15	13-16	17-19	17-18	18-20	21-23	21-22	22-24
位置 跳闸后		—	×	—	—	—	—	×	×	—	—	×	—	—	—	—	×
位置 预备合闸		×	—	—	—	×	—	—	×	—	—	×	—	—	×	—	—
位置 合闸		—	—	×	—	×	—	—	—	×	×	—	—	×	×	—	—
位置 合闸后		×	—	—	×	×	—	—	—	×	×	×	—	—	×	—	—
位置 预备跳闸		—	×	—	—	×	—	—	×	—	—	×	—	—	—	×	—
位置 跳闸		—	—	—	×	—	×	—	—	×	×	—	×	—	—	—	×

图 4-18 LW2-Z 型控制开关触电表

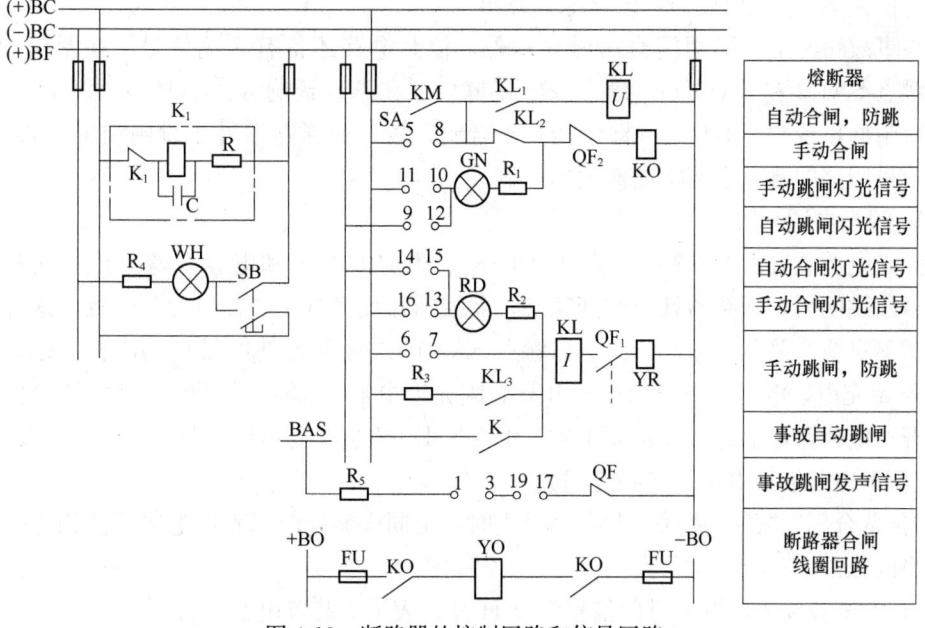

图 4-19 断路器的控制回路和信号回路

（熔断器；自动合闸，防跳；手动合闸；手动跳闸灯光信号；自动跳闸闪光信号；自动合闸灯光信号；手动合闸灯光信号；手动跳闸，防跳；事故自动跳闸；事故跳闸发声信号；断路器合闸线圈回路）

1. 手动合闸

合闸前，断路器处于"跳闸后"的位置，断路器的辅助触点 QF_2 闭合。由图 4-18 的控制开关触点表知 SA10-11 闭合，绿灯 GN 回路接通发亮。但由于限流电阻 R_1 限流，不足以使合闸接触器 KO 动作，绿灯亮表示断路器处于跳闸位置，而且控制电源和合闸回路完好。

当控制开关扳到"预备合闸"位置时，触点 SA9-10 闭合，绿灯 GN 改接在 BF 母线上，发出绿闪光，说明情况正常，可以合闸。当开关再旋至"合闸"位置时，触点 SA5-8 接通，合闸接触器 KO 动作使合闸线圈 YO 通电，断路器合闸。合闸完成后，辅助触点 QF_2 断开，切断合闸电源，同时 QF_1 闭合。

当操作人员将手柄放开后，在弹簧的作用下，开关回到"合闸后"位置，触点 SA13-16 闭合，红灯 RD 电路接通。红灯亮表示断路器在合闸状态。

2. 自动合闸

控制开关在"跳闸后"位置，若自动装置的中间继电器接点 KM 闭合，将使合闸接触器 KO 动作合闸。自动合闸后，信号回路控制开关中 SA14-15、红灯 RD、辅助触点 QF_1 与闪光母线接通，RD 发出红色闪光，表示断路器是自动合闸的，只有当运行人员将手柄扳到"合闸后"位置，RD 才发出平光。

3. 手动跳闸

首先将开关扳到"预备跳闸"位置，SA13-14 接通，RD 发出闪光。再将手柄扳到"跳闸"位置。SA6-7 接通，使断路器跳闸。松手后，开关又自动弹回到"跳闸后"位置。跳闸完成后，辅助触点 QF_1 断开，红灯熄灭，QF_2 闭合，通过触点 SA10-11 使绿灯发出闪光。

4. 自动跳闸

如果由于故障，继电保护装置动作，使触点 K 闭合，引起断路器合闸；由于"合闸后"位置 SA9-10 已接通，于是绿灯发出闪光。

在事故情况下，除用闪光信号显示外，控制电路还备有音响信号。在图 4-19 中，开关触点 SA1-3 和 SA19-17 与触点 QF 串联，接在事故音响母线 BAS 上，当断路器因事故跳闸而出现"不对应"（即手柄处于合闸位置，而断路器处于跳闸位置）关系时，音响信号回路的触点全部接通而发出声响。

5. 闪光电源装置

闪光电源装置由 DX-3 型闪光继电器 K_1、附加电阻 R 和电容 C 等组成。当断路器发生事故跳闸后，断路器处于跳闸状态，而控制开关仍留在"合闸后"位置，这种情况称为"不对应"关系。在此情况下，触点 SA9-10 与断路器辅助触点 QF_2 仍接通，电容器 C 开始充电，电压升高，当电压升高到闪光继电器 K_1 的动作值时，继电器动作，从而断开通电回路，上述循环不断重复，继电器 K_1 的触点也不断地开闭，闪光母线（＋）BF 上便出现断续正电压，使绿灯闪光。

"预备合闸""预备跳闸"和自动投入时，也同样能启动闪光继电器，使相应的指示灯发出闪光。

SB 为试验按钮，按下时白信号灯 WH 亮，表示本装置电源正常。

6. 防跳装置

断路器的所谓"跳跃",是指运行人员在发生故障时手动合闸断路器,断路器又被继电保护动作跳闸,又由于控制开关位于"合闸"位置,则会引起断路器重新合闸。为了防止这一现象,断路器控制回路设有防止跳跃的电气连锁装置。

图 4-19 中 KL 为防跳闭锁继电器,它具有电流和电压两个线圈,电流线圈接在跳闸线圈 YR 之前,电压线圈则经过其本身的常开触点 KL_1 与合闸接触器线圈 KO 并联。当继电器保护装置动作,即触点 K 闭合使断路器跳闸线圈 YR 接通时,同时也接通了 KL 的电流线圈并使之启动,于是,防跳继电器的常闭触点 KL_2 断开,将 KO 回路断开,避免了断路器再次合闸,同时常开触点 KL_1 闭合,通过 SA5-8 或自动装置触点 KM 使 KL 的电压线圈接通并自锁,从而防止了断路器的"跳跃"。触点 KL_3 与继电器触点 K 并联,用来保护后者,使其不致断开超过其触点容量的跳闸线圈电流。

三、隔离开关的控制、信号回路

电动操作的隔离开关的控制、信号回路原理图如图 4-20 所示。

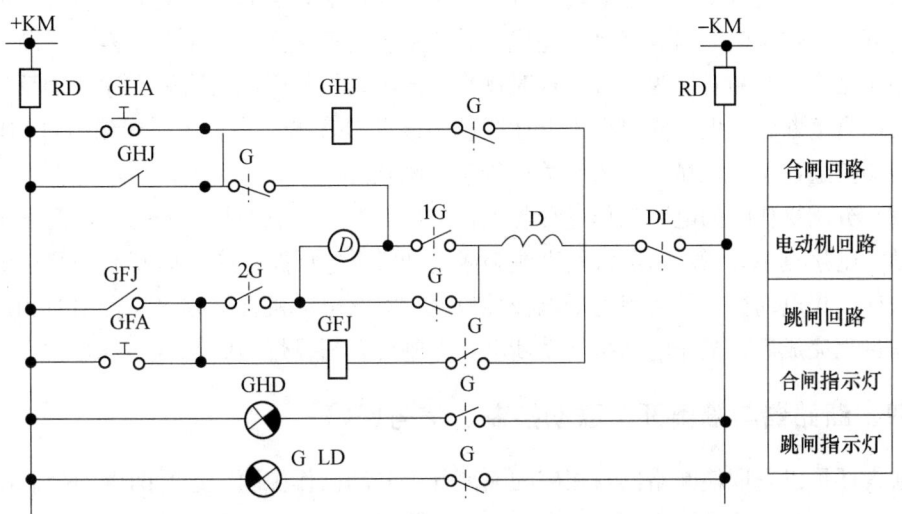

图 4-20 电动隔离开关的控制、信号电路原理图

(一) 电路的特点

(1) 其电动操作机构由直流串激电动机 D 带动储能弹簧装置,靠弹簧释放过程的能量驱动隔离开关合、跳闸。

(2) 合、分闸操作电动机的转向相反,由隔离开关的联动辅助正、反接(触点)来改变电动机转子绕组的受电极性和电动机的转向。

(3) 合、分闸的控制操作由合闸按钮 GHA 或分闸按钮 GFA 使相应的合闸继电器 GHJ 或分闸继电器 GFJ 受电动作并保持,以实现对直流串激电动机的供电。

(4) 合、分闸操作过程完成后,依靠隔离开关的联动辅助触点 G 的转换,自动切断电动机受电回路。

(5) 隔离开关与断路器的状态的连锁,由断路器的位置联动辅助反连接 DL 串接入隔离开关的控制电路中构成。断路器处于分闸状态时，该联动辅助反接点 DL 闭合，这时允许对隔离开关进行合、分闸操作。若断路器处于合闸状态时，则隔离开关的控制电路被该联动辅助反接点的开断而闭锁了。

（6）隔离开关的合、分闸状态，分别由红、绿色两只信号灯 GHD、GLD 显示。信号灯的受电回路由隔离开关位置联动辅助正反接点 G 的相应闭合来接通。

（二）隔离开关的操作控制过程

（1）当合闸操作时，隔离开关处在分闸状态，按动合闸按钮 GHA，若断路器处于分闸状态，则+KM 经 GHA、GHJ 线圈，G 辅助反接点和 DL 辅助反接点至−KM 电路接通。

故隔离开关的合闸继电器 GHJ 受电动作，其正接点闭合，将合闸按钮 GHA 的接点旁路接通，并实现本身的自保持动作。此后即使 GHA 接点返回，仍将有+KM 经 GHJ 接点、G 辅助反接点、电动机 D 转子绕组、G 辅助反接点、电动机 D 激励绕组、DL 辅助反接点至−KM 电路保持接通。

这时直流串流电动机受电旋转，首先牵引弹簧储能，然后引导储能弹簧释放能量推动隔离开关动作合闸。当合闸操作完成后其联动辅助反接点由原闭合转换为开断，其联动辅助正接点由开断转换为闭合。这时操作直流电动机的受电通路被上述联动反接点 G 的开断而自动断路失电。同时由于上述联动正接点 G 闭合，将合闸位置信号灯 GHD 的电源回路接通而发光，显示隔离开关运行于合闸状态。

（2）分闸操作时的电路工作过程与上述类似。但应注意的是，分闸时隔离开关的两对联动分闸接点 1G、2G 闭合，使直流串激电动机受电回路接通，而其激磁绕组的受电极性未变，仅电动机转子绕组的受电极性改变，故该电动机转动方向与合闸时相反，分闸动作过程完成后，操作电动机自动断电，分闸位置信号灯 GLD 受电显示。

四、断路器与隔离开关联动控制、信号回路

通常还可以采取使断路器与相应的隔离开关联动操作控制，这时两者的控制电路应能保证自动实现正确的操作顺序，即：合闸操作时应先操作隔离开关合闸，然后再操作断路器的合闸；而分闸操作时应先操作断路器分闸，然后再操作隔离开关的分闸。这种联动操作控制的电路原理如图 4-21 所示。

图 4-21 中 1WK 为合、分闸控制开关，2WK 为实现联动操作控制或分别操作控制的转换开关。由图可见，当联动操作控制合闸时，由于在断路器合闸回路中串入了隔离开关位置继电器 GWJ 的正接点，所以只有在隔离开关合闸完毕，GWJ 受电动作其正接点闭合后，才能连通断路器的合闸回路。这就保证了先合隔离开关，再闭合断路器的合闸程序要求，当联动操作分闸时，由于断路器的分闸动作时限远较隔离开关电动分闸过程时限短，故无需采取附加措施即能保障分闸操作程序的要求。

应该指出，因系统故障，保护动作导致断路器分闸时，不应使联动隔离开关随之分闸。为此，在操作分闸与保护分闸电路间串以二极管 1D 加以隔离，故当保护动作使断路器分闸时不会引起隔离开关相继分闸。

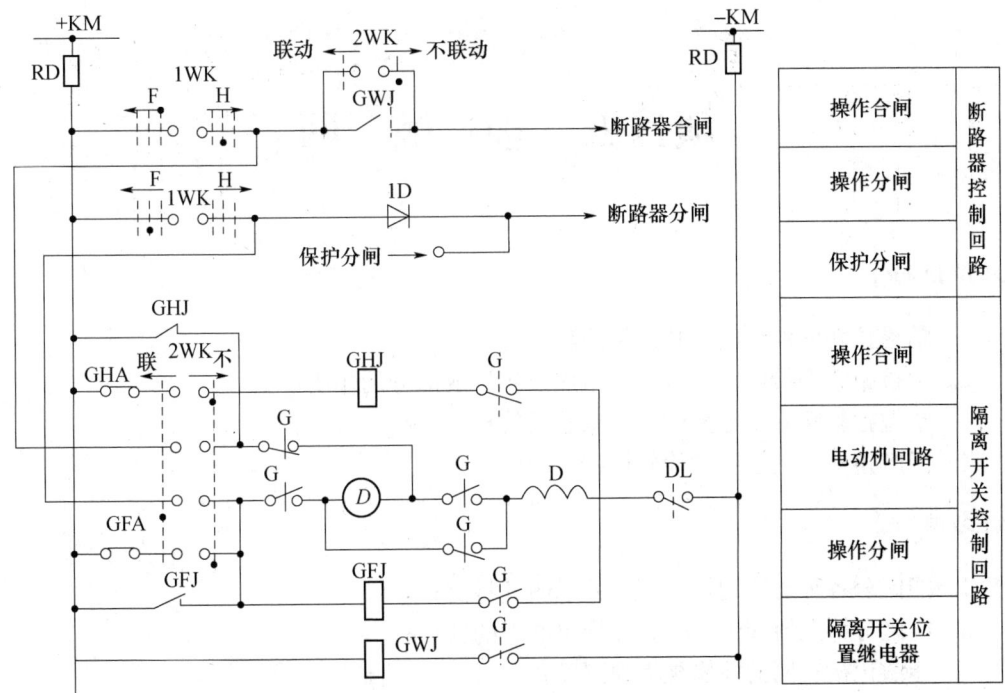

图 4-21 断路器与隔离开关的联动控制电路原理图

【复习与思考】

练习:

1. 什么是变电所的电气主接线？对电气主接线有哪些基本要求？
2. 电气主接线有哪些基本的类型？各有什么特点？（可列表比较）
3. 城市轨道交通主变电所电气主接线类型有哪些？
4. 牵引变电所电气主接线类型有哪些？
5. 降压变电所电气主接线类型有哪些？
6. 简述控制电路的基本要求。
7. 试述变电所内灯光监视的断路器与隔离开关控制信号回路的动作过程。

想一想：

画出城市轨道交通主变电所、牵引变电所和降压变电所的主接线示意图，并说明其原理。

项目五　接　触　网

【知识目标】

1. 掌握接触网的作用、特点及类型；
2. 掌握架空型接触网的分类、组成及各组成部分的作用；
3. 掌握接触轨式接触网的结构组成及特点；
4. 了解接触网的运行和检修规程、制度。

【能力目标】

1. 能区分各种类型的接触网，并说明其特点；
2. 能区分第三轨和走行轨，并指出两者的特点；
3. 能熟记接触网的检修规程和制度。

【问题导入】

如果把牵引变电所比作城轨供电系统的心脏，牵引接触网则是供电系统的血脉。和电力系统的输电线一样，接触网本质上也是一种输电线路，它通过其接触线将电能输送给城轨电动车组。因为电动车组是一类特殊的电能用户，所以，接触网又有着远比电力线复杂的结构和更高的技术要求。接触网质量的优劣，将直接影响行车安全和运输经济效益。做好接触网的维修是确保接触网质量的重要手段。那么城市轨道交通接触网有着哪些区别于电力线的特点？它有哪些类型？典型接触网的结构是怎样的？接触网的运行和检修又有哪些规程和制度呢？

任务一　接触网概述

一、接触网的作用及特点

接触网是电力牵引系统的重要组成部分，架设在轨道的上方（或边上），是一种特殊的输电线。机车通过受电弓（或集电靴）从接触网中得到电能。所以，接触网受流质量的好坏，对机车运行起着重要的作用。

接触网具有如下特点。

（一）没有备用

牵引负荷是重要的一级负荷，向牵引变电所供电的电源线均设置两个回路，牵引变电所内主变压器及其他重要设备在设计中也考虑了备用措施，一旦主电源、主要设备发生故障时，备用电源、备用设备可及时（自动）投入运行，以保证对接触网的不间断供电。接触网由于与电动车组在空间上的关系，和轨道一样无法采取备用措施。所以，一旦接触网发生故障，整个供电区间即全部停电，在其间运行的电动车组失去电能供应，列车停运。

（二）经常处在动态运行中

与一般的电力线路只在两点间固定传输电能的作用不同，在接触网中，沿线有许多电动车组高速运动取流。电动车组受电弓（或集电靴）以一定的压力和速度与接触网接触摩擦运行，通过接触网的电流很大。运行中不可避免地会产生受电弓离线而引起电弧，再加上在露天区段还要承受风、雾、雨、雪及大气污染的作用，使接触网昼夜不停地处在振动、摩擦、电弧、污染、伸缩的动态运行状态之中。这些因素对接触网各种线索、零件都产生恶劣影响，使其发生故障的可能性较一般电力线路的概率要大得多。

（三）结构复杂，技术要求高

接触网的运行环境和运行特点决定了接触网的结构较一般电力线路有很大的不同。为了保证电动车组安全、可靠、质量良好地从接触网取流，接触网的结构比较复杂，技术要求也较高，如对接触网导线的高度、拉力值，定位器的坡度，接触网的弹性、均匀度等都有定量的要求。

二、对接触网的基本要求

接触网的工作状态主要是指接触线和电动车组受电弓（或集电靴）滑板的接触和导电情况。在电路要求上，为保证良好的导电状况，滑板与接触线的接触应保持一定的接触压力。在电动车组静止时，接触压力可以保持不变。当电动车组运行时，滑板跟着运动，与接触网形成滑动摩擦接触。这时，如能继续保持一定的接触压力，不间断地向电动车组供电，接触网才处于良好的工作状态。

实际上，上述要求是不容易做到的。由于电动车组的振动和接触线高度变化等因素，往往造成滑板和接触线间的压力变化很大，有时甚至产生脱离现象，致使滑板和接触线之间的脱离处发生电弧。如果接触线本身不平直而出现小弯或是悬挂零件不符合要求超出接触面时，滑板滑到此处将发生严重碰撞或电弧，这是很不利的，这种情况称为接触线有硬点。因为碰撞和电弧会造成接触网和受电弓的机械损伤和烧伤，严重者将造成断线事故，而且取流不良对电动车组上的电机和电器产生不利的影响，所以应该尽量避免。因此，为了尽量保证对电动车组良好的供电，对接触网有一些基本的要求。

（1）接触网悬挂应弹性均匀、高度一致，在高速行车和恶劣的气象条件下，能保证正常取流。当接触线本身不平直或者在接触线的某一位置存在着较大的集中负载，接触线将出现硬点，影响接触网受流质量。而当接触线距离轨面的高度不一致时，将会产生离线、起弧等不正常情况。

（2）接触网结构及零部件应力求简单、轻巧、可靠，做到标准化且能互换，以保证在施工和运营检修方面具有充分的可靠性和灵活性，缩短施工及运行维护时间。

（3）接触网的寿命应尽量长，具有足够的耐磨性和抗腐蚀能力。

（4）接触网的建设应注意节约有色金属及其他贵重材料，以降低成本。

（5）接触网对地绝缘好，安全可靠。

三、接触网的分类

接触网分为架空式接触网和接触轨式接触网。架空式接触网用于城市地面或地下、铁路干线、工矿的电力牵引线路。接触轨式接触网一般仅用于净空受限的地下电力牵引。在我国城轨交通系统中，架空式和接触轨式的接触网均有采用。

架空式接触网的悬挂类型大致分为两种：柔性架空接触网和刚性架空接触网。其中，柔性架空接触网又分为简单悬挂和链形悬挂。不同类型的接触线粗细、条数、张力都是不一样的。架空线的悬挂方式，要根据架线区的列车速度、电流容量等输送条件以及架设环境进行综合勘察来决定要采取什么方式。

接触轨式接触网是沿轨道线路敷设的附加接触轨，从电动客车转向架伸出的集电靴通过与第三轨滑动接触而取得电能。接触轨可以有三种方式，即上接触式、下接触式和侧接触式。

一般，牵引网电压等级较高时，为了安全和保证一定的绝缘距离，宜采用架空式接触网。在净空受限的线路和电压等级较低时多采用接触轨式接触网。无锡地铁采用的是接触轨式接触网。

任务二　架空接触网

一、架空接触网概述

架空接触网是将接触导线架设于车体上方的一种接触网形式，电力机车通过受电弓从架空接触网取得电流，架空接触网可用于铁路干线、城市轨道交通以及工矿电力机车牵引线路。

（一）架空接触网的供电制式

根据《城市轨道交通直流牵引供电系统》（GB/T 10411—2005）规定，我国城市轨道交通的架空接触网有两种制式：直流 1500V 和直流 750V。

（二）架空接触网的类型

1. 柔性架空接触网

柔性架空接触网由带张力的柔性金属导线组成，在运行过程中，受电弓与接触线保持可靠的弓网压力，并进行取流，如图 5-1 所示。其主要特点是以线索形式存在，隧道净空要求较大，运营维护的工作量也较大，能够满足较高的运速要求。

2. 刚性架空接触网

刚性架空接触网也称刚体接触悬挂或刚性悬挂，是相对传统的柔性接触网而言，为了更有效地利用地下隧道的净空而开发的一种全新形式的接触

图 5-1　柔性架空接触网

网。如图5-2所示,它将传统的接触线夹装在汇流排中,用汇流排取代了承力索,并靠它自身的刚性保持接触线的固定位置,使接触线不因重力而产生较大弛度。刚性架空接触网节省隧道净空,可靠性高,耐磨性好,接触网零件简单,维修成本大大降低。

图 5-2 刚性架空接触网

刚性架空接触网从 20 世纪 90 年代起得到较快发展。我国广州、南京等地的城市轨道交通采用刚性架空接触网形式。

二、柔性架空接触网

如图 5-3 所示,柔性架空接触网由支柱与基础、支持定位装置、接触线、承力索、吊弦、补偿装置、接触悬挂、锚段、线岔、电连接线和分段绝缘器等组成。

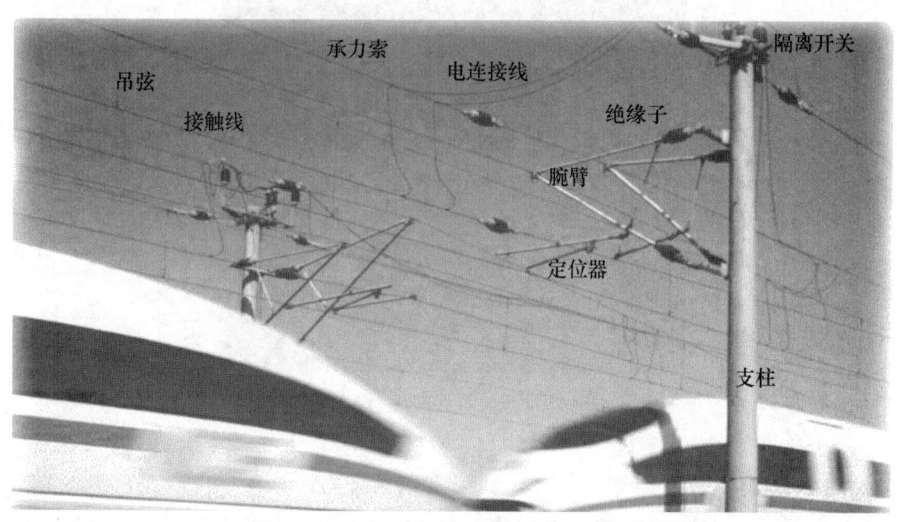

图 5-3 柔性架空接触网的组成

(一) 支柱和基础

1. 作用

支柱与基础用以承受接触悬挂、支持和定位装置的全部负荷,并将接触悬挂固定在规定的位置和高度上。

2. 钢筋混凝土支柱

我国接触网中主要采用等径预应力钢筋混凝土支柱和钢柱。

预应力钢筋混凝土支柱在现场又称为水泥支柱,其优点是减少了金属材料的使用量,成本较低,使用寿命长,使用中无须进行维修;其缺点是比较笨重,且经不起碰撞,因此,在运输装卸和安装工程施工中应小心谨慎。这种结构便于上下攀登,利于维修和检查。等径圆支柱是一种上下直径相等的圆支柱,其表面平滑,里面的钢筋是按整个圆周均匀分布的,安装时不受方向性限制,且受力均匀,运输方便,损耗率低,但不利于维修。

3. 钢支柱

在接触网工程中,特别是在较大站场上,钢柱被大量利用。钢柱是角钢焊成的桁架结构,具有质量轻、强度高、抗碰撞、安装运输方便等优点,但存在用钢量大、造价高、耐腐蚀性差,需定期进行防锈、涂漆防腐,维修不便等缺点。

4. 基础

基础承受支柱传递的力矩并传给土体,是起支持作用的。对于混凝土支柱,它的地下部分代替了基础的作用,钢支柱的基础由混凝土浇筑预制而成,并预留钢支柱安装的地脚螺栓的位置。隧道内的支承部件由埋入杆件和倒立柱等组成,如图 5-4 所示。

图 5-4 钢支柱的基础

(二) 支持定位装置

如图 5-5 所示,支持定位装置是用来支持接触悬挂,对接触线进行水平定位,保证接触悬挂高度并将悬挂的负荷传递给支柱的装置。支持定位装置可分为隧道内的支持装置、腕臂、软横跨、硬横跨（梁）和定位装置。

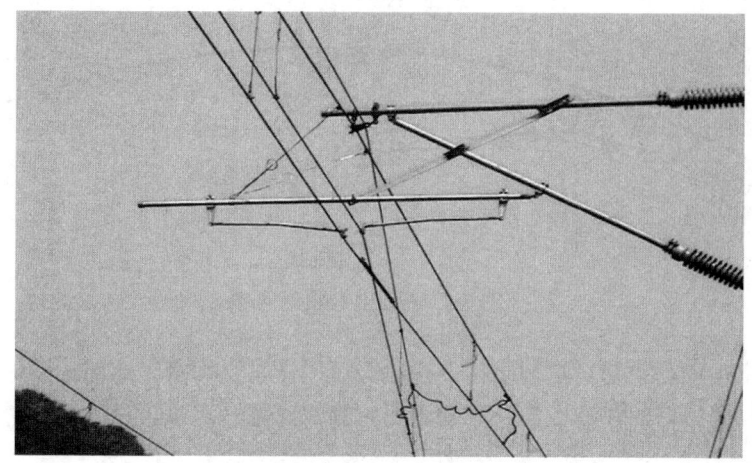

图 5-5　支持定位装置

1. 隧道内的支持装置

为了减小隧道的净空，在隧道内采用一些特殊的支持与定位装置。图 5-6 和图 5-7 所示分别为两种常用的隧道内结构——"人"字形结构和"T"字形结构。

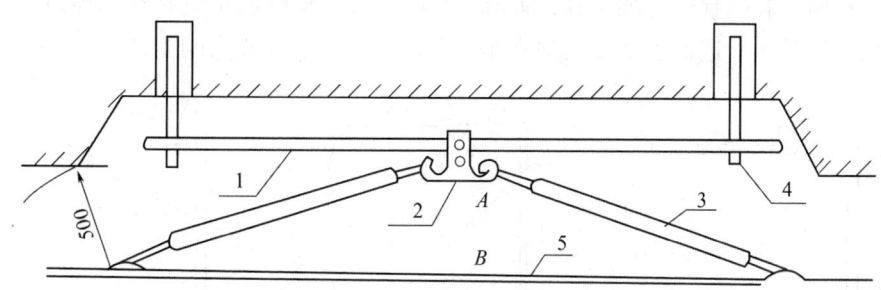

图 5-6　隧道内"人"字形支持装置（尺寸单位：cm）

1—加长滑动管；2—滑动环；3—环氧树脂绝缘子；4—"人"字形悬挂埋入杆；5—接触线

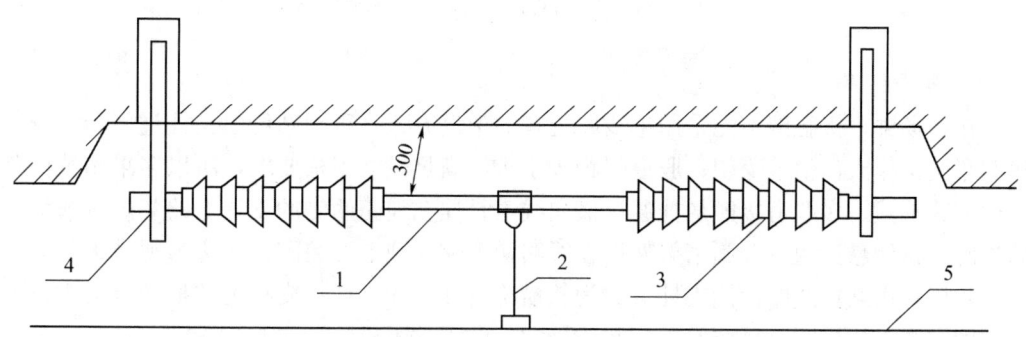

图 5-7　隧道内"T"字形支持装置（尺寸单位：cm）

1—滑动管；2—吊弦；3—棒式绝缘子；4—简单形悬挂埋入杆；5—接触线

此外隧道内还有采用一种性能优越的支持与定位装置，称为弹性支架。其结构如图 5-8 所示。

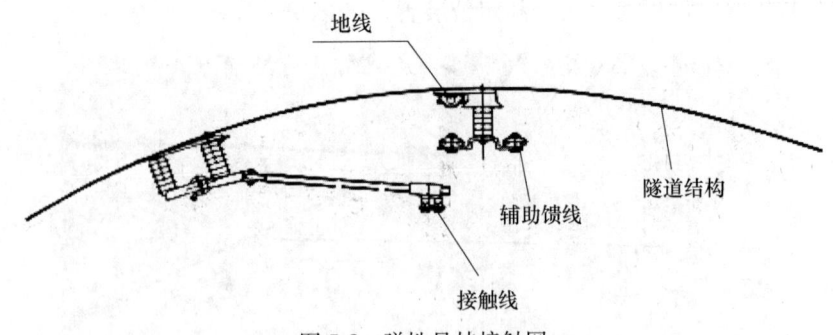

图 5-8 弹性悬挂接触网

底板固定在隧道顶部,这种结构的接触线可以做垂直和水平双向运动。它具有高度的柔韧性,具有更好的弹性性能。经验表明,弹性支架可以减少接触线的磨耗,增加接触线的寿命。

2. 腕臂

在地面段及空间较大时,区间接触网的支持装置通常采用腕臂结构。

腕臂支持装置如同一个伸出的手臂,将接触网悬挂到一根支柱上。每一根腕臂都是由伸梁(腕臂)和拉杆(或斜撑)组成,腕臂支持的具体结构多种多样。按结构分有水平腕臂、反腕臂和斜腕臂,如图 5-9 所示。其中,水平腕臂的优点是结构简单,与其他腕臂相比,质量小,造价也低。其缺点是为了固定拉杆需要较高的支柱。

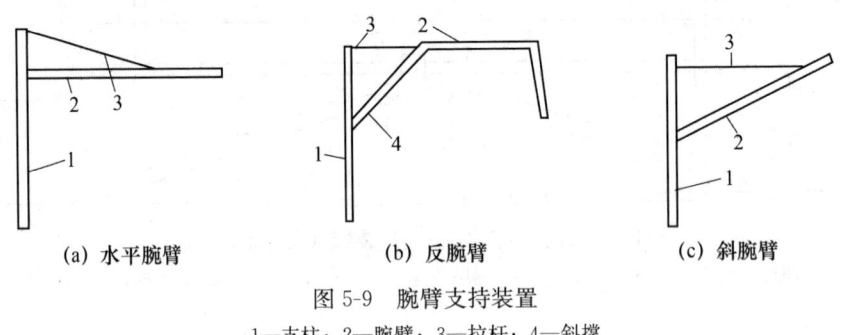

(a) 水平腕臂　　(b) 反腕臂　　(c) 斜腕臂

图 5-9 腕臂支持装置

1—支柱;2—腕臂;3—拉杆;4—斜撑

3. 软横跨

在站场中,接触网不能采用单线路腕臂的架设方式,否则站场中支柱过多会影响行车和车站工作人员信号瞭望;股道间距较小难以满足设立支柱要求,所以多采用软横跨或硬横跨形式。多股道接触悬挂通过横向线索悬挂在线路两侧的支柱上的装配方式称为软横跨。接触悬挂通过金属桁架架设在线路两侧支柱顶上的装配方式称为硬横跨。

软横跨由站场线路两侧支柱(称为软横跨支柱)和悬挂在支柱上的横向承力索、上下部固定绳、软横跨直吊弦及支持和连接它们的零件组成,如图 5-10 所示。

横向承力索是软横跨的主要构件,承受各股道纵向接触悬挂的全部垂直负载。

4. 硬横跨(梁)

接触悬挂通过金属桁架架设在线路两侧支柱顶上的装配方式称为硬横跨,如图 5-11 所示。硬横跨从结构上分为吊柱硬横跨和定位索硬横跨,吊柱硬横跨主要由硬横梁和吊柱组成，接触悬挂通过腕臂装置固定在吊柱上。定位索硬横跨主要由硬横梁和上下部定位绳组成。

图 5-10　软横跨

图 5-11　硬横跨（梁）

在站场中使用硬横跨（梁）的主要优点为：采用硬横跨可以提高接触网的稳定性，减少列车高速通过时接触网振动对相邻线路的接触悬挂的干扰，明显改善了弓网的受流质量；硬横跨便于工厂化预制，提高了施工效率，减少了调整工作量；硬横跨结构可以降低对支柱高度、跨距和基础承载能力的要求；在大型客站，采用硬横跨结构比软横跨结构整齐、美观。其主要缺点为投资较大、结构较笨重、钢结构防锈成本高、横向跨距不宜过大。

5. 定位装置

定位装置是支持结构中的主要组成部分，它是在定位点处实现接触线相对于线路中心进行横向定位的装置。也就是说，定位装置的作用就是根据技术要求，把接触线进行横向定位，保证接触线始终在受电弓滑板的工作范围内，保证良好受流；在直线区段，相对于线路中心把接触线拉成"之"字形状；在曲线区段，相对于受电弓中心行迹则拉成切线或割线，使受电弓滑板磨耗均匀；同时，定位装置要承担接触线水平负载，并将其传递给腕臂。

定位装置是由定位管、定位器、定位线夹及连接零件组成的，如图 5-12 所示。设置普通定位管是为了方便定位器在水平方向和坡度方向调节，使定位装置结构较灵活，增加定位点的弹性。定位器是定位装置中关键的部件，其作用是通过定位线夹把接触线按设计标准拉出值的要求，通过线夹把接触线固定在一定位置，保证接触线工作面平行于轨面，并承受接触线的水平力。

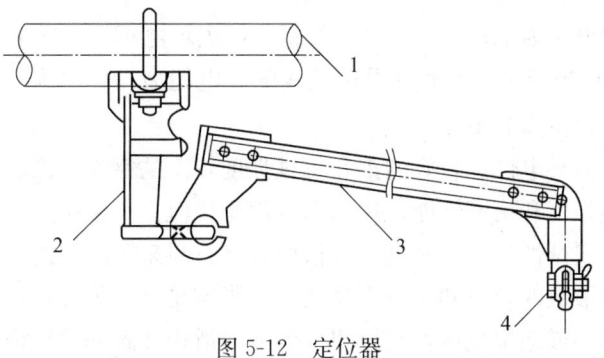

图 5-12　定位器

1—定位管；2—定位支架（定位环）；3—定位器；4—定位线夹

(三）接触线

接触线是接触网中直接和受电弓滑板摩擦接触取流的部分，电力机车从接触线上取得电能。接触线的材质、工艺及性能对接触网起着重要作用，要求它具有较小的电阻率、较大的导电能力；要有良好的抗磨损性能，具有较长的使用寿命；要有高强度的机械性，具有较强的抗张能力。

接触线制成侧面带沟槽的圆柱状，沟槽是为了便于安装紧固接触线的线夹，同时又不影响受电弓取流。接触线底面与受电弓接触的部分呈圆弧状，如图5-13所示。

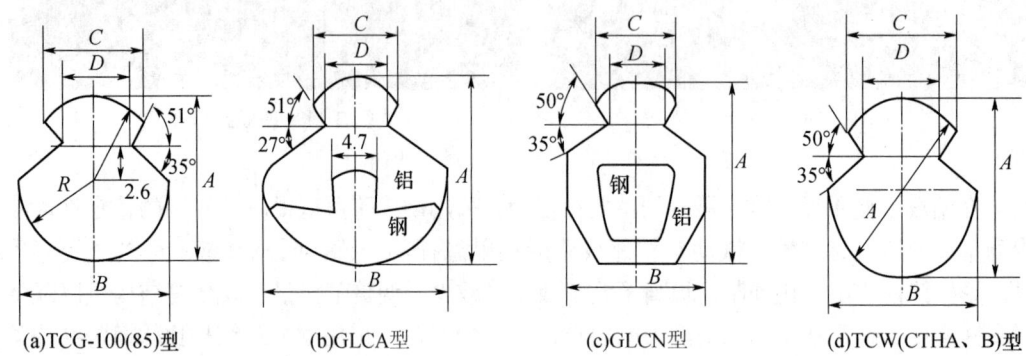

图5-13 常用接触线截面形状图（尺寸单位：mm）

1. 接触线按照材质分类

接触线按照材质主要分为铜接触线、钢铝接触线和铜合金接触线。

我国电气化铁路建设初期，采用的是铜接触线，主要型号为TCG-110、TCG-100和TCG-85型。

型号中，T表示材质为铜；C表示电车线；G表示沟槽型；数字部分表示接触线的截面面积，单位为mm^2。

TCG-110、TCG-100分别用于站场正线和区间，TCG-85主要用于站场侧线。其截面形状如图5-13（a）所示。

为了减少有色金属铜的使用量，20世纪70年代我国研制了以铝代铜的GLCA 100215和GLCB 80173型钢铝复合接触线，以及内包钢的CLCN型钢铝接触线。其截面形状如图5-13（b）和图5-13（c）所示。

其中：G表示材质为钢；L表示材质为铝；C表示电车线；A表示截面形状；N表示内包；100表示相当于100截面的铜接触线的导电能力，单位为mm^2；215表示导线的几何截面面积，单位为mm^2。

钢铝接触线是由导电性能较好的铝和机械强度较高的钢滚压冷轧而成，钢的部分用于保证应有的机械强度和耐磨性能，铝的部分用于导流。钢铝接触线具有很好的机械强度，不容易断线，安全性较好，并具有价格便宜、材料来源广泛的优点。缺点是其刚度和截面面积较大，形成的硬弯和死弯不易整直，影响受流。另外，钢的部分耐腐蚀性能差，特别是气候潮湿或酸雨地区，接触线与受电弓滑板接触的摩擦面易锈蚀，若有电弧烧伤，锈蚀速度更快，且会形成恶性循环。

随着电气化铁路的大幅度提速和高速电气化铁路的建设，进入 20 世纪 90 年代以后，我国研制了 CTHA-110 型、CTHB-120 型银铜合金接触线（也称为 AgCu110、AgCu120），MgCu-120 型镁铜合金接触线也有使用，其截面形状如图 5-13（d）所示。铜合金接触线以其抗拉强度高、耐高温性能好的优势逐渐被人们认可，目前地铁中常采用 120mm^2 银铜合金电车线。

2. 接触线的磨耗和维修

运行中的接触线可能因为磨耗、损伤和断线而使锚段中的接头数量增加，为了保证整个接触网线路质量，一个锚段内的接触线和承力索接头、补强和断股的总数应符合如下规定：锚段长度在 800m 及以下时不超过 4 个，锚段长度在 800m 以上时，接头数目不超过 8 个。

接触线在运行中，受电弓和接触线的摩擦会造成接触线截面面积减小，称为接触线磨耗。接触线的磨耗使接触线截面面积减小，影响接触线的强度安全系数。运营中，要求每年至少进行一次接触线磨耗测量，当接触线磨耗达到一定限度时应局部补强或更换。如发现全锚段接触线平均磨耗超过该型接触线截面面积的 20% 时，应全部更换。局部磨耗超过 30% 时可进行补强。当局部磨耗达到 40% 时应切换做接头。

接触线磨耗测量一般一年一次，测量点通常选在定位点、电连接线、导线接头、中心锚结、电分相、电分段、锚段关节、跨距中间等处。测量磨耗要利用游标卡尺，测量磨耗后接触线的直径残存高度。

（四）承力索

承力索的作用是通过吊弦将接触线悬挂起来。要求承力索能够承受较大的张力和具有抗腐蚀能力，并且在温度变化时弛度变化较小。承力索根据材质一般可分为铜承力索、钢承力索、铝包钢承力索三类多种规格。按照设计时承力索是否通过牵引电流，可以将承力索分为载流承力索和非载流承力索。

铜承力索导电性能好，可做牵引电流的通道之一，和接触线并联供电，降低压损和能耗，且抗腐蚀性能高。但铜承力索消耗铜多，造价高且机械强度低，不能承受较大的张力，温度变化时弛度变化也大。

钢承力索用镀锌钢绞线制成，强度高、耐张力大，安装弛度小且弛度变化也小，节省有色金属又造价低。但电阻大，导电性能差，一般为非载流承力索。钢承力索不耐腐蚀，使用时还要采用防腐措施。

铝包钢承力索是铝覆钢线和铝线绞合而成，主要以铝覆钢线中的钢芯部分承受张力。覆铝层和铝线载流，导电性能好，机械强度和抗腐蚀性能较好。

（五）吊弦

吊弦的作用是将接触线悬挂于承力索上形成柔性链形悬挂，使每个跨距中在不增加支柱的情况下，增加了对接触线的悬挂点，改善了接触线的弛度和弹性。另外，还可以通过调节它的长度来调整接触线的高度。

吊弦一般用青铜线制成环结以增加接触悬挂的弹性，如图 5-14 所示。链形悬挂中吊弦数量很多，其质量直接影响接触悬挂的工作状态。

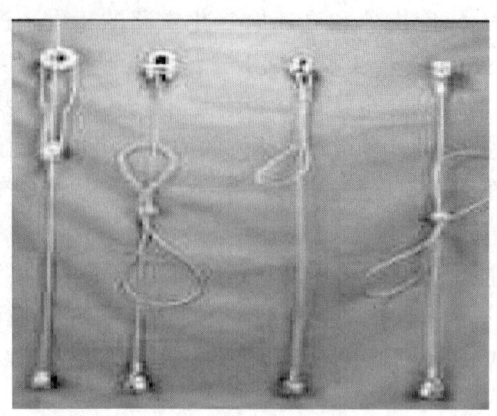

图 5-14 环结吊弦

（六）补偿装置

接触网补偿装置，又称张力自动补偿器，它安装在锚段的两端，并且串接在接触线承力索内，它的作用是补偿线索内的张力变化，使张力保持恒定。

接触网补偿装置有许多种类，有滑轮式、棘轮式、鼓轮式、液压式及弹簧式等，常用的是带断线制动功能的棘轮补偿下锚装置。棘轮补偿装置外形及结构如图 5-15 所示。

图 5-15 棘轮补偿装置

（七）接触悬挂

接触悬挂式是针对接触网的每个锚段而言的。所谓接触网的锚段是指在一条接触线路上，将接触网分成若干个具有一定长度且相互独立的分段，以满足供电和机械方面的要求。接触悬挂根据结构的不同，分为以下两大类型。

1. 简单悬挂

简单悬挂，是由一根或几根互相平行的直接固定到支持装置上的接触线所组成的悬挂，如图 5-16 所示，一般用于车速较低的线路上，如次等站线、库线和净空受限的人工建筑物内，以及城市电车和矿山运输线等，在城市轨道交通中主要用于车辆段，也有用于正线的情况，如上海城市轨道交通 1 号线。

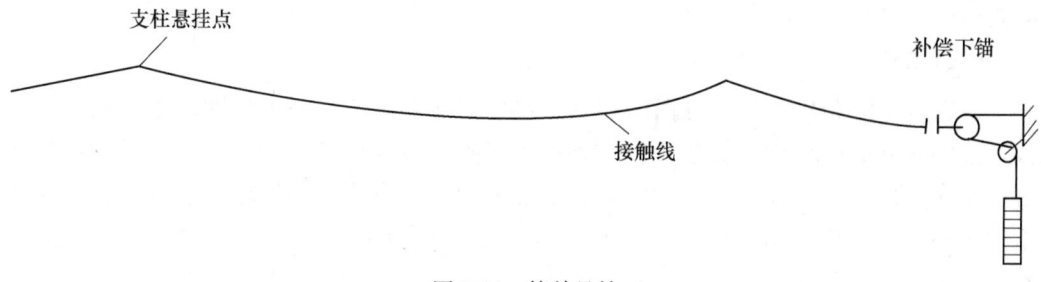

图 5-16 简单悬挂

简单悬挂结构简单，要求支柱高度较低，因此建设投资小，施工和检修方便。其缺点是导线的张力和弛度随气温的变化较大，接触线在悬挂点受力集中，形成硬点，弹性不均匀，不利于电力机车高速运行时取流。

为了改善简单悬挂的弹性不均匀程度，在悬挂点处加装带弹性吊索，这种带弹性吊索的简单悬挂称为弹性简单接触悬挂。这种悬挂的优点是在悬挂点处加了一个 8~16m 长的弹性吊索，从而改善了悬挂点处的弹性。根据我国的试验，这种弹性简单接触悬挂可以在速度不超过 90km/h 的线路上采用。由于弹性简单接触悬挂具有结构简单、支柱高度低、支柱负荷小、建造费用低及施工维修方便等优点，城市轨道交通车辆段一般采用这种形式的悬挂，如广州城市轨道交通 1 号线车辆段接触网。

2. 链形悬挂

链形悬挂是一种运行性能较好的悬挂形式。它的结构特点是接触线通过吊弦悬挂在承力索上，承力索通过钩头鞍子、承力索座或悬吊滑轮悬挂在支持装置的腕臂上。使接触线在不增加支柱的情况下增加了悬挂点，通过调节吊弦长度使接触线在整个跨距中与轨面的高度基本保持一致，减小接触线在跨中的弛度，改善接触线弹性，增加接触悬挂的质量，提高稳定性，可满足高速运行时取流的要求。在地铁和城市轨道交通中，最常见的链形悬挂形式是简单链形悬挂，如图 5-17 所示。

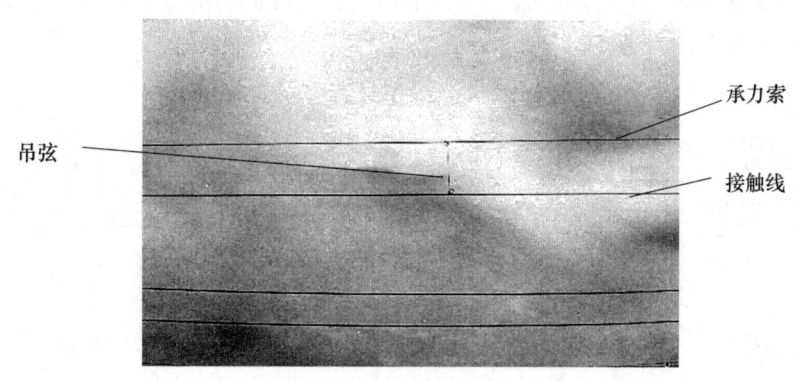

图 5-17 链形悬挂

接触悬挂线索在终端支柱上的固定方式称为下锚方式，主要有未补偿下锚（硬锚）

和补偿下锚两种。

承力索和接触线两端无补偿装置，称为未补偿下锚（硬锚）。在大气温度变化时，因为承力索和接触线的热胀冷缩，承力索和接触线的张力、弛度变化较大，造成受流状态恶化，一般不采用。

（八）锚段

为满足供电和机械受力方面的需要，将接触网分成若干一定长度且相互独立的分段，这种独立的分段称为锚段。设立锚段可以限制事故范围。当发生断线或支柱折断等事故时，由于各锚段间在机械受力上是独立的，不影响其他线段的接触悬挂，则使事故限制在一个锚段内，缩小了事故范围；便于在接触线和承力索两端设置补偿装置，以调整线索的弛度与张力；有利于供电分段，配合开关设备，满足供电方式的需要。

两个相邻锚段的衔接区段（重叠部分）称为锚段关节。锚段关节结构复杂，其工作状态的好坏直接影响接触网供电质量和电力机车取流。电力机车通过锚段关节时，受电弓应能平滑、安全地由一个锚段过渡到另一个锚段，且弓线接触良好，取流正常。

在接触悬挂的中部，将接触线和承力索在支柱上进行可靠固定，称为中心锚结。在两端装设补偿器的接触网锚段中，必须加设中心锚结。每个锚段中心锚结安设位置应根据线路情况和线索的张力增量计算确定，一般布置在靠近锚段中部。

（九）线岔

在站场上，站线、侧线、渡线、到发线总是并入正线的。如果线路设一个道岔，接触网就必须设一个线岔（也称架空转辙器）。线岔的作用是保证电力机车受电弓安全平滑地由一条接触线过渡至另一条接触线，达到转换线路的目的。

交叉线岔在两接触线交叉处用限制管固定，并限制两相交接触线位置的设备，称为接触网线岔。

接触网线岔是由两相交接触线、一根限制管和固定限制管的定位线夹、螺栓组成。限制管两端用定位线夹固定在下面的接触线上，通过限制管将两相交接触线互相贴近，当上面接触线升高时，可利用限制管带动下面的接触线同时升高，以消除始触点两导线的高度差，如图 5-18 所示。

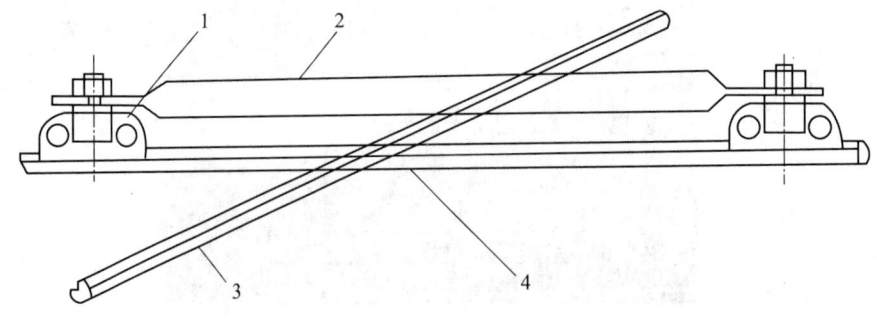

图 5-18 线岔

1—定位线夹；2—限制管；3—侧线接触线；4—正线接触线

（十）电连接线

电连接的作用是将接触悬挂各分段供电间的电路连接起来，保证电路的畅通。通过电连接可实现并联供电，减少电能损耗，提高供电质量。在电气设备与接触网之间，用电连接线进行可靠的连接，使设备充分发挥作用，避免出现烧损事故，完成各种供电方式和检修的需要。电连接线用导电性能好的材料制成，如图 5-19 所示。

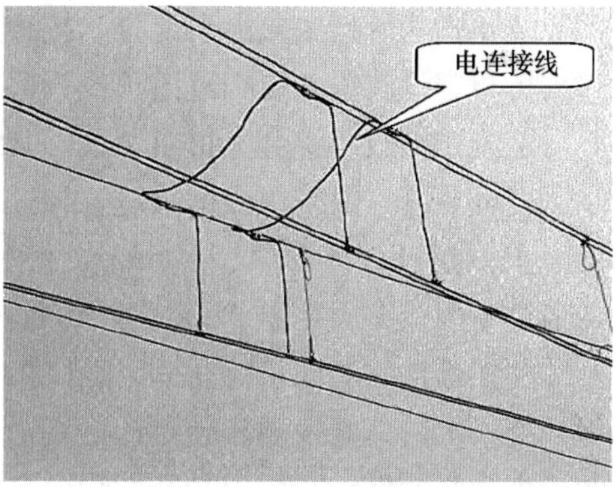

图 5-19　电连接线

1. 横向电连接

横向电连接的主要作用是，能实现并联供电，比如并联馈线、承力索和接触线间；满足站场上电力机车启动时所需的大电流，在各股道间安装股道电连接线。

2. 纵向电连接

纵向电连接的作用是，使供电分段或机械分段处两侧接触悬挂实现电的连通，在检修和事故处理时，可通过隔离开关达到电分段的目的。加绝缘锚段关节和非绝缘锚段关节，转换柱靠锚柱侧安装的电连接线，电分段处隔离开关与接触悬挂间的电连接线，线岔处的电连接线等，都称为纵向电连接。

（十一）分段绝缘器

分段绝缘器又称分区绝缘器，是接触网电气分段的常用设备。它安装在各车站装卸线、机车整备线、电力机车库线、专用线等处。在正常情况下，机车受电弓带电滑行通过。当某一侧接触网发生故障或因检修需要停电时，可打开分段绝缘器处的隔离开关，将该部分接触网断电，而其他部分接触网仍能正常供电，从而提高了接触网运行的可靠性。

三、刚性架空接触网

刚性架空接触网一般采用具有相应刚度的导电轨或具有相应刚度的汇流排与接触线组成。刚性架空接触网有两种典型代表（以汇流排的形状分），即以日本为代表的"T"形结构和以法国、瑞士等国为代表的"∏"形结构，如图 5-20 所示。

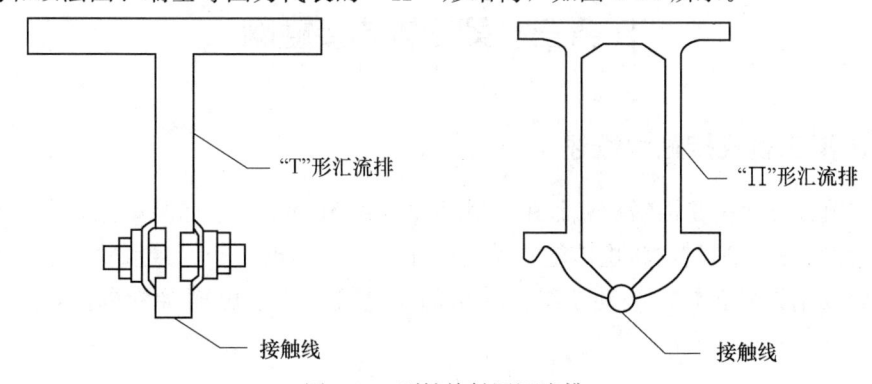

图 5-20　刚性接触网汇流排

架空刚性悬挂主要由汇流排、接触导线、伸缩部件、中心锚结等组成。接触悬挂通过支持与定位装置安装于隧道顶或钢梁上。

汇流排一般用铝合金材料制成，其形状一般做成"T"形和"Π"形，如图5-20所示。接触导线一般采用银铜导线，与柔性接触悬挂所采用的接触导线相同或相似，其截面面积一般为120mm^2或150mm^2。接触导线通过特殊的机械镶嵌于"Π"形汇流排上，或通过专用线夹固定于"T"形汇流排上，与汇流排一起组成接触悬挂。

伸缩部件的功能是能在一定范围内自由伸缩，同时又能满足电气性能的要求，既能保证电气上的良好接触和导电的需要，又能保证机械上的良好伸缩性。一般一个锚段安装一个膨胀元件，其作用是补偿铝合金汇流排与银铜接触线因热胀系数不同而产生的热膨胀误差。

接头主要由汇流排接头连接板和螺栓组成，用于连接两根汇流排。其要求是既能保证被连接的两根汇流排机械上良好对接，又要有足够大的接触面积，确保导电性能良好。

中心锚结主要由中心锚结线夹、绝缘线索、调节螺栓及固定底座组成。其作用是防止接触悬挂窜动。

四、刚性架空接触网和柔性架空接触网的比较

（1）刚性悬挂、柔性悬挂都能满足最大离线时间、传输功率、电压电流、受电弓单弓受流电流以及最大行车速度的要求。

（2）在受电弓运行的安全性以及对弓网故障的适应性方面，由于刚性较柔性有如下特点，刚性悬挂受电弓的安全性和适应性要明显好于柔性。

① 刚性汇流排和接触线无轴向力，不存在断排或断线的可能，从而避免了柔性钻弓、烧融、不均匀磨耗、高温软化、线材缺陷以及受电弓故障造成的断线故障。因此，刚性悬挂的故障是点故障，而柔性悬挂的故障范围为一个锚段，所以刚性悬挂事故范围小。当然柔性悬挂的断线故障率还是非常小的，也是能够满足运营要求的。

② 刚性悬挂的锚段关节简单，锚段长度是柔性悬挂的1/7~1/6，因此固定金具窜动回转范围小，相应地提高了运行中的安全性和适应性。

任务三 第三轨式接触网

一、第三轨式接触网概述

第三轨式接触网是沿线路敷设的与轨道平行的附加轨，又称为第三轨，其功用与架空接触网一样，通过它将电能输送给电动车组。不同点在于，接触轨是敷设在铁路旁的钢轨或钢铝复合轨。电动车组由伸出的集电靴与之接触而接受电能，如图5-21所示。

图 5-21　第三轨供电

（一）应用特点

第三轨受电方式最早在伦敦城市轨道采用，具有如下优点：

（1）第三轨构造简单，质量小，易于调整，接触轨之间采用接板机械连接，不需要现场焊接，因此，安装简便，可维修性好，维修工作量少。

（2）第三轨系统可降低隧道上方净空，节省投资。

（3）第三轨系统采用高导电性的钢铝复合接触轨，因此，可以不用额外敷设沿线的馈电电缆。

（4）单位电阻小，可降低牵引网电能损耗，从而有效地节约运营成本。

（5）复合材料制成的接触轨支架具有低维护、耐腐蚀的特点，可以有效降低生命周期成本。

（6）其安装位置在走行钢轨旁边，对铁路周围景观影响较小。

（7）钢铝复合轨与电动车组集电靴之间的接触面为不锈钢层，因此使用寿命长。

（二）技术特征

接触轨系统的技术特征有：电压等级、安装方式和导电轨材料。

1. 电压等级

目前世界上城市轨道交通中的直流牵引网电压等级繁多，接触轨系统的电压等级有：直流 600V、630V、700V、750V、825V、900V、1000V、1200V 等。

西班牙巴塞罗那采用过直流 1500V 及 1200V 接触轨，美国旧金山 BART 系统为直流 1000V 接触轨。目前国内接触轨系统标称电压为直流 750V。国际上接触轨电压等级的发展趋向为 IEC 标准中的直流 600V、750V。其中接触轨为正极，走行轨为负极。接触轨系统允许电压波动范围为 DC500～900V。

2. 安装方式

接触轨系统根据受流位置的不同，可分为上接触式、下接触式及侧接触式三种形式。

3. 导电轨材料

接触轨可采用低碳钢材料或钢铝复合材料。低碳钢导电轨主要的特点是磨耗小，制作工艺成熟，价格较低。主要规格有 DU48 型和 DU52 型。这两种导电轨在我国均为成熟产品，北京城轨交通系统就有应用。钢铝复合轨是由钢和铝组合而成，其工作面是钢，而其他部分是铝。其主要特点是电导率高，质量小，磨耗小，电能损耗低。类型从300A至6000A均有。自从1974年铝-不锈钢复合导电轨在美国第一条快速线（BART）应用以来，复合导电轨在世界范围内逐步得到广泛应用。复合导电轨是钢导电轨升级换代的产品，具有广泛的应用前景。主要优点如下：

（1）在供电系统一定的情况下，它的电阻和阻抗小，因而可以延长供电距离，减少变电所数量。

（2）不锈钢表面光滑，耐磨性好，电损失小，抗腐蚀和氧化性能好，可延长接触轨和集电靴的寿命。

（3）电阻率低（约为钢导电轨的24%），导电性能大幅提高，工作电流的范围广（300~6000A）。

（4）接触轨质量小，悬挂点间距可适当加大，一般为4m，从而减少了支架数量及维修量，且便于安装。

德国在1978年建成了世界上第一段钢-铝复合轨，运行长度3.3km。1996年后，美国、日本、意大利、马来西亚、泰国等国家都开始应用，至今世界上已建成钢-铝复合接触轨运营线路1000多千米，遍布欧洲、美洲、大洋洲、亚洲。多年的实践证明，它无论在工艺还是在运营业绩上，都是非常成熟的。

二、第三轨接触网的组成

在接触轨系统零部件中，除作为导电轨的接触轨以外，还包括绝缘支架（或绝缘子）、防护罩、隔离开关设备、电缆等。接触轨、绝缘支架（或绝缘子）、防护罩，是接触轨系统中送电、支撑、防护的三大件，如图5-22所示。

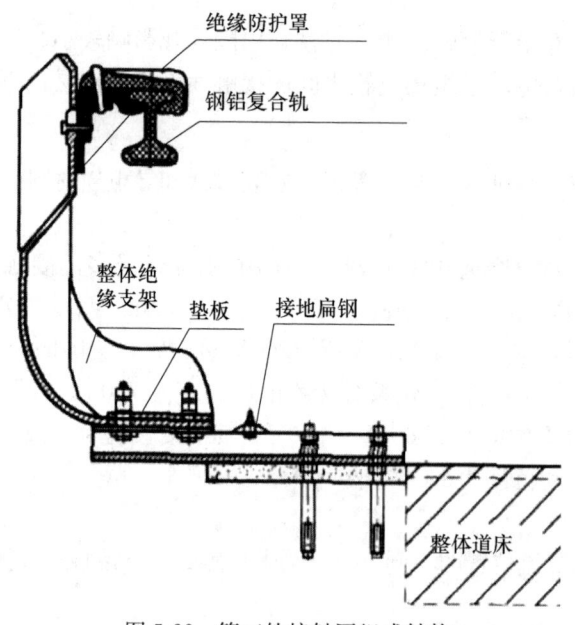

图5-22 第三轨接触网组成结构

（一）接触轨

在我国城市轨道第三轨供电中，接触轨多采用50kg/m（或60kg/m）高电导率低碳钢轨，轨头宽度为90mm。近几年来随着复合材料的发展，由不锈钢与铝合金通过机械方法或冶金结合方法加工而成的钢-铝复合接触轨已取代低碳钢接触轨。

接触轨单位制造长度一般为15m。当线路的曲线半径大于190m时，钢-铝复合轨可以在施工现场直接打弯；当线路的曲线半径小于或等于190m时，钢-铝复合轨则要在工厂加工预弯。

（二）安装底座

下磨式接触轨的安装底座一般采用绝缘式整体安装底座，且一般安装在轨道整体道床或者轨枕上。

（三）防护罩

防护罩的作用在于尽可能地避免人员无意中触碰带电的设备，一般采用玻璃纤维增强树脂（GRP）材质的防护罩，机械性能在工作支撑条件下可承受100kg垂直荷载，并应在高温下具有自熄、无毒、无烟和耐火的性能，如图5-23所示。

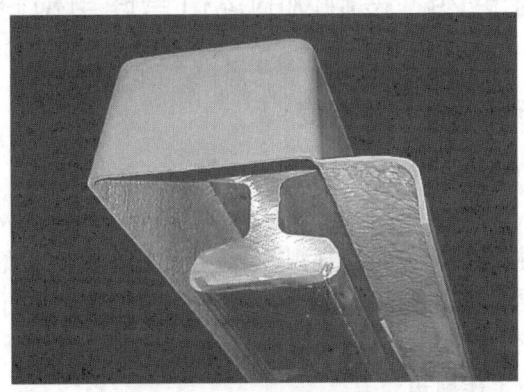

图 5-23　第三轨防护罩

三、接触轨的分类

接触轨按与集电靴的摩擦方式可分为上接触式、下接触式及侧接触式三种，如图5-24所示。

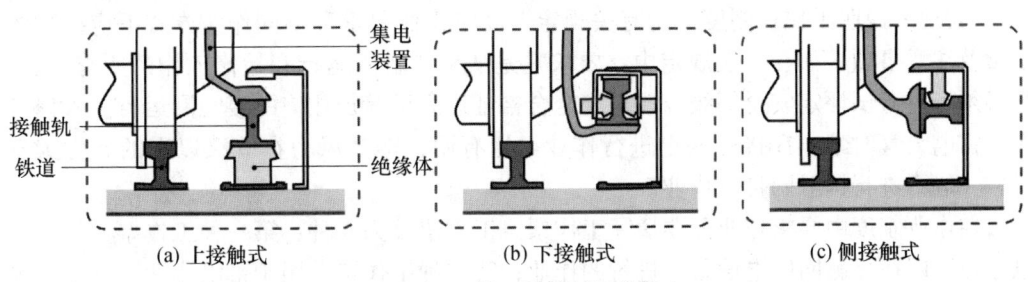

图 5-24　第三轨接触网分类

(一)上接触式

上接触式是接触轨面朝上固定安装在专用绝缘子上,并且由固定在枕木上的弓形肩架予以支持,如图 5-24(a)所示。

(二)下接触式

下接触式是接触轨面朝下安装,如图 5-24(b)所示。下接触式轨头朝下,通过绝缘肩架、橡胶垫、扣板收紧螺栓、支架等安装在底座上。下接触式的优点是防护罩从上部通过橡胶垫直接固定在接触轨周围,对人员安全性好。莫斯科地铁就采用这种方式,利于防止下雪和冰冻造成受流困难。但是这种方式安装结构较复杂,费用较高。

(三)侧接触式

侧接触式是近年来新开发的一种接触轨悬挂方式。侧面接触式就是接触轨轨头端面朝向走行轨,受流靴从侧面受流。跨座式独轨车辆就采用侧面接触形式。其集电靴装在转向架下部,接触轨装在轨道梁上,如图 5-24(c)所示。

任务四 接触网的运行管理与检修

一、接触网运行管理规程和制度

接触网经过多年的运行实践,在不断总结经验教训的基础上,已逐步形成了一整套规范化的管理制度。从事接触网工作的人员,应严格遵守《接触网安全工作规程》《接触网运行检修规程》《接触网事故抢修规则》《牵引供电事故管理规则》和《行车组织规则》中的有关规定和要求。这些规程和规则是保证接触网安全运行的法定条文,学习接触网规程、规章,已成为接触网工的自觉行为。

(一)《接触网安全工作规程》

《接触网安全工作规程》(简称《安规》)包括总则、一般规定、作业制度、高空作业、停电作业、带电作业、倒闸作业、作业区的防护八章内容和附录,共计 81 个条目。

《安规》所列条目,都是总结了接触网上发生的各种事故,从中吸取经验教训甚至是血的教训而编写的。因此它有绝对权威性,任何人不得违反,所以现场又称《安规》是"保命"的规程。

《安规》说明了作业制度中的有关规定,高空作业要求和不同作业方式下应办理的手续及注意事项,如在一般规定中,要求凡是从事接触网运行和检修工作的所有人员,都必须经过考试评定安全等级,取得安全合格证后方可参加相应的接触网运行和检修工作。雷电天气时禁止在接触网上进行作业,遇有雨、雾及风力在 5 级以上的恶劣天气时,一般不进行接触网带电作业。

在作业制度中要求作业前要填写工作票。工作票分为三种:第一种工作票,用于停电作业,即在接触网停电设备上进行的作业;第二种工作票,用于带电作业,即在接触网带电设备上进行的作业;第三种工作票用于远离作业,即在距离接触网带电设备附近的设备上进行的作业。开工前,作业组工作领导人要宣读工作票内容,作业结束后,要将工作票交给工区,由专人统一保管不少于 3 个月。

在高空作业中明确规定,离地 3m 为接触网高空作业,要设专人对作业人员进行监护,特别指出攀杆作业、登梯作业和车顶作业的有关要求。从事接触网工作的人员,都应对上述条目牢记在心,随时能背诵出来。

《安规》中还具体规定了各种作业方式的安全距离、命令程序和安全措施,如停电作业时,应由何人办理停电手续,明确要求,由安全等级不低于 3 级的作业组成员为要令人,向电力调度申请停电。经电调审查批准发布作业命令后,才能开始作业。对停电作业前,验电接地的操作方法和安全注意事项都有严格的规定。在带电作业中的命令程序、安全距离、绝缘工具和一般带电作业要求等,都做了较详细的说明。总之《安规》是接触网规程中最重要的规章。

(二)《接触网运行检修规程》

《接触网运行检修规程》又称《检规》,由总则、运行和管理、监测和清扫绝缘部件、检修、维修技术标准,大修技术标准和附则附录组成,共计 208 个条目。其中最重要的是维修技术标准、大修技术标准。接触网维修人员在检修接触网设备时,应严格遵守《检规》的技术要求,特别是对重要设备中的有关参数要牢记,如拉出值、导线高度、锚段关节、线岔、定位器、补偿器、中心锚结和软横跨等有关技术规定。

为了保证接触网设备的安全和接触网工作人员的安全,针对接触网的运行制定了一系列的作业制度。

(三)交接班制度

接触网检修工作要有安全等级不低于三级的人员昼夜值班。值班人员要认真填写"接触网工段值班日志",及时传达和执行供电调度的命令。

接触网工段值班人员要按时做好交接班工作。交班人员要向接班人员叙述设备运行情况及有关事项,接班人员认真阅读值班日志,弄清上一班的情况并在值班日志上签字后,接班人员方可下班。工长要每天确认工具、备品、安全用具、抢修机具是否完备,认真审阅值班日志,并签字。

(四)巡视检查制度

为贯彻"修养并重,预防为主"的方针,要定期巡视接触网设备的技术状态和客车受电弓状态,巡视包括梯车巡视、步行巡视及登车巡视。

1. 梯车及步行巡视

梯车及步行巡视每月不少于 1 次,巡视主要内容如下:

(1) 应无侵入限界、妨碍列车车辆运行的障碍。

(2) 接触网悬挂、支持定位装置、线岔、锚段关节、分段绝缘器及其零部件的状态是否连接良好,无烧伤损坏。

(3) 补偿装置无损坏,动作灵活。

(4) 绝缘部件无破损和闪络。

(5) 无隧道漏水、异物垂落等危及或损伤接触网安全供电和行车安全的现象。

(6) 接触网终点标、号码等标志的状态。

2. 乘车巡视

乘车巡视每月不少于1次，主要是观察接触悬挂及其支撑装置和定位器的状态。

接触网设备的巡视工作，应由工班长或安全等级不低于三级的接触网工进行。在遇有大风、大雨、大雾等恶劣天气时，要适当增加巡视次数。在巡视检查过程中，对危及安全及行车的缺陷要及时处理。每次巡视检查和缺陷处理的主要情况，都要及时认真填写"接触网梯车、步行巡视记录"。

二、接触网检修的修程

接触网的检修分为小修和大修两种修程。

（一）接触网小修

小修系维持性的修理，主要有：对接触网进行检测、清扫、涂油；对磨损、锈蚀到期的接触线、承力索、馈电线及架空地线进行整修、补强或局部更换，以保持接触网的正常工作状态。

接触网小修工作由供电车间接触网工段实施。接触网小修项目、周期和范围见表5-1。

表5-1 接触网小修、周期和范围

序号	项目	周期	范围
1	线岔检修	3个月	包括线岔处的电连接器
2	分段绝缘器检修	3个月	包括分段绝缘处的电连接器
3	接触线拉出值检修	6个月	测量拉出值及跨中接触线对受电弓的最大偏移值。不符合标准者进行调整
4	隔离开关检修： 常动 常闭	3～6个月 6～12个月	包括隔离开关处的电连接器
5	接触悬挂、支撑及定位装置检修	6个月	含隧道入杆件，车辆段软横跨等
6	锚段关节检修	6个月	包括锚段关节处的连接器
7	回流箱检修	6个月	包括连接电缆及绝缘子
8	避雷器、放电间隙检修	每年雷雨季节前	包括引线、接地线
9	导线磨耗测量： 全面测量 重点测量	2年 6～12个月	重点测量：所有接触线中心锚节线夹两侧；所有分段绝缘器两侧；所有线岔定位点两侧；其他磨耗异常的导线两侧。 全面测量：所有吊弦线夹、定位线夹、中心锚结线夹、电连接线夹等两侧；跨距中心处两侧
10	补偿器检修	12个月	包括测量调整"A""B"值和滑轮注油，检查导杆与限制环处滑动是否顺畅等
11	馈电线、架空地线检修	12个月	馈电线、架空电线及相关附件
12	检修限界门，安全挡板、防护棚（网）等安全设施	12个月	调整、检修安全设施及其地线装置等并涂漆

续表

序号	项目	周期	范围
13	接触线高度检修	12个月	测量悬挂点处接触线的高度和跨中接触线的高度、接触线的坡度，不符合标准者进行调整
14	绝缘子清扫	12个月	含馈线绝缘子
15	支柱及硬横梁检修	12个月	含基础及拉线
16	测量、调整接触线和承力索的张力和弛度	5年	不符合标准者予以调整

接触网小修完毕时，要由检修或测量人员认真填写上述各项记录。工段长对管内接触网小修任务完成情况及其质量要每月检查一次，并在小修记录上签字。

(二) 接触网大修

接触网大修系恢复性的彻底修理，主要包括：成批更换磨耗、损伤到期的接触线、承力索及供电线、架空地线；更新零部件、支撑装置和支柱、隧道内预埋件、定位立柱；对接触网、馈电线和架空地线进行必要的改造，以及改善接触网的技术状态，提高供电能力。凡是大修更新的设备及其零部件等，均应符合新建工程的技术标准。

接触网大修由供电车间提出申请，运营分公司审核后组织实施。接触网大修项目、周期和范围见表5-2。

表5-2 接触网大修项目、周期和范围表

序号	项目	周期	范围
1	更换接触线	约12年	整锚段更换接触线，同时更换吊弦及其线夹、电连接器，斜拉线、部分补偿器和定位器
2	更换软横跨	15～20年	批量地更换上、下部定位绳（即在同一年度内更换数量超过10组），同时更换零件、斜拉线和部分绝缘子
3	更换隔离开关	20～25年	批量地更换隔离开关（即一年度内更换数量超过10台），同时更换电连接器
4	更换支柱	30～40年	批量地更换支柱（即在同一年度内更换钢柱超过10根）；同时更换拉线；同时更换硬横跨的硬横梁及其零件
5	更换承力索	30～40年	整锚段更换承力索，同时更换鞍子、斜拉线、中心锚结、部分支撑装置、补偿器、绝缘子、吊弦及其线夹、电连接器
6	更换馈电线、架空地线	40～50年	整千米更换导线，同时更换线夹、绝缘子和支撑部件
7	更换隧道内吊住	40～50年	定位立柱、预埋件等

鉴于接触网是动态设备，运行条件随时可能发生变化，加之对城市轨道交通的运行缺少经验，在今后的实际运行中，经调查研究、技术鉴定，从运行检修的实际出发，可以修改和调整小修及大修的周期和范围，并同时报有关部门核备。

三、接触网检修作业方式

由于接触网检修工作与行车直接相关，因此，进行标准化作业、加强质量管理、提高检修工艺更为重要。根据技术规程和检修规程及不同接触网的特点要求,要熟练掌握接触网的检修标准和检修方法,提高对接触网的质量管理水平,确保运输生产的安全。

接触网检修方式根据在作业过程中,接触网是否带电的情况分为停电作业和带电作业两种方式。

(一) 停电作业

所谓停电作业是在接触网不带电情况下进行的检修作业。停电作业一般用于带电作业难以进行的项目。这是目前常用的接触网检修方式。停电检修的接触网区段,在停电检修时间内一般不允许有车辆通行,检修必须在允许的时间内完成作业。

接触网工区进行作业时分为作业组,每个作业组以 12 人左右为宜。作业组在接到作业任务时,需按以下程序进行。

1. 填写工作票

工作票是接触网作业的书面依据,根据不同的作业方式要填写相应的工作票。填写工作票要字迹清晰,内容明确,不得涂改或用铅笔填写。工作票签发的编号日期、有效时间、作业组成员姓名、人数、安全等级、作业地点、停电设备、安全措施必须正确无误。

2. 申请停电

需要接触网停电进行的一切作业,均必须经电力调度员的许可。停电作业申请要指明作业地点、作业内容、是否需要封锁线路、必须停电的电线路等。若需在车站上停电作业时,还应指明车辆不得通过的股道及道岔。

3. 宣读工作票

作业组成员出发之前列队集合,由工作领导人向全体作业组人员宣读工作票的所有内容,详细布置安全措施。工作票中规定的作业组成员,一般不应更换,若必须更换时,应经发票人或工作领导人同意。

4. 要令

开工前作业组应指派专人要令。当作业组到达作业地点,要令人员向电力调度申请作业命令,其他人员做作业前的准备工作,要令人接到电调停电命令后,先检查命令内容并认真复诵,经确认无误,并得到命令编号和批准时间后,随即向工作领导人发出可以开工信号,并说明停电时间及停电范围。在发、受停电命令时,发令人要将命令内容记入"作业命令记录"中,受令人要填写"接触网停电作业命令票"。

5. 开工

工作领导人接到要令人的通知后,先向验电人发出验电的信号,验电操作者确认信号无误后,立即进行验电工作,验明确已无电,地线人员方可进行挂接地线工作,地线接好后立即通知工作领导人。工作领导人得知全部地线安设完毕,将停电和线路封闭起止时间告知作业组成员,宣布作业开始。此时作业人员可将车梯上道进行网上作业,作业项目必须在规定的时间内提前完成。

6. 收工与消令

作业结束后,工作领导人应向作业组全体人员宣布作业结束,指挥作业组成员迅速清理现场。人员、工具、器械、材料全部撤离到安全限界之外,并检查接触网设备和线路不影响供电与行车,确认作业组全体人员已经离开危险区后,向接地线人员发出撤除地线的信号，接地线人员接到撤除地线的命令后，应在安全监护人的监护下，迅速撤除地线，并立即通知工作领导人。确认地线撤除后，通知要令人向电力调度员消令。检查作业组人员安全情况，清点工具、材料数量后收工回工区。

7. 开收工会

当天作业结束后，全体人员开收工会，汇报作业组的工作安全和任务完成情况，报告工作中遇到的技术业务问题，所出现的不安全现象及事故苗头等，工作领导人全面总结当日工作，指出问题，提出具体要求，制定安全防范措施，安排第二天的工作项目。会议主要内容应记录在工区日志上。

安全作业是生产过程得以继续的保证，只有保障人员和设备的安全，才能维持正常的生产过程。接触网工担任接触网设备的施工与维修工作，如果不严格遵照规程、规章进行作业，随时都会出现人身伤亡事故。作为接触网工，为了避免人身伤亡事故的发生，首先必须遵守安全工作规程，了解接触网作业的特点，严格作业程序，确保作业过程中的安全。

（二）带电作业

带电作业按作业方式可分为直接带电作业（或等电位作业）和间接带电作业（或远离作业）。

1. 直接带电作业

直接带电作业是通过绝缘工具与接地体隔离开，作业人员直接接触带电体，使人体与带电设备的电位相同，从而能够直接在带电设备上进行作业。作业时作业人员通过绝缘工具送至作业地点，作业人员及所持工具此时与非带电体要保持一定的距离。带电作业严禁接触接地体。

作业人员处于等电位状态时，作业人员在与接触网接触的一瞬间会有异样的麻电感觉，重者会使人难受，甚至灼伤皮肤；轻者无任何感觉，因此要求绝缘工具的绝缘性能一定要可靠。为了保证工作人员的安全，消除可能产生的麻电感觉，必须用等电位线短接带电体与绝缘车梯的工作台来消除这种现象。等电位线是由一多股裸铜软绞线（截面面积不小 $6mm^2$）和两个带有金属钩的绝缘棒组成。使用时作业人员将等电位线一端挂在车梯工作台框架上，另一端挂在接触网带电体上，使车梯工作台和接触网处于等电位，因此，工作台上的工作人员必须和车梯工作台充分接触，如不穿绝缘鞋、塑料底鞋等导电性能差的鞋，工作时一手可紧握工作台框架。作业时，要时刻注意和带电体充分接触即始终保持等电位状态。若要转移工作场所进行作业，必须先脱离等电位，然后再次等电位方可作业。

在接触网和一些电气设备中有许多情况都是和大地形成闭合回路，或接地使电流流入大地，其实此时大地也有一定的电位，之所以人们无任何异样的感觉，这也是等电位的效果，而且常视大地的点位为"零电位"，故此种状态称为"不带电"。而所谓带电作业则是相对"大地"的电位为零而言的，如果相对于接触网本身则电位也为"零"。电对人体危害的实质是一定的电流流经人体所造成的。电流只能从高电位流向低电位，如果工作人员处于同等电位下进行作业，不会有电流流经人体，因此也就不可能对人体造成伤害。

进行等电位作业的人员必须先挂好等电位线，使工作台处于等电位或穿上等电位服才能工作，检修过程中应经常注意与接地体保持不得小于允许的安全绝缘距离，与地面配合人员传递工具材料务必使用绝缘工具，如果有两人需上下车梯时，应分两侧同时上下，不能跟随上下，以免短接车梯有效绝缘长度而出现危险。地面监护人员必须同时监护高空作业的过程、安全绝缘距离、相对行车的防护。

带电作业时，每个作业组作业前由工作领导人指定一名安全等级不低于四级的作业组成员作为要令人员，向电力调度申请带电作业。若几个作业组同时作业时，每一个作业组必须分别向电力调度申请作业命令，在申请的同时，要说明带电作业的范围、内容、时间和安全措施等。绝缘工具在每次使用前要仔细检查是否有损坏，并用清洁、干燥的抹布擦拭有效绝缘部分。各种绝缘工具要有专人负责保管，要按规定进行试验，要有产品的合格证。禁止使用未经试验、试验不合格或超过试验期限的绝缘工具。

2. 间接带电作业

间接带电作业是作业人员通过绝缘工具接触带电体，或者在接触网不停电情况下，远离带电体所进行的接触网检修作业。如对接触网的测量、调整补偿装置的 b 值等。间接带电作业，作业人员所持的非绝缘工具与带电设备之间的距离不得小于 600mm。对于不停电状态下支柱上的其他作业也应遵循这个要求。在对接触网进行测量作业时，多在线路上进行，除了要细心测量记录外，还要注意行车防护。复线测量要逆向进行，即面向列车来向测量。一旦发现来车要及时避让。在测量绝缘子的分布电压时，必须由接地侧向带电侧逐个测量。在悬式绝缘子串中，若三片绝缘子中有一片不合格，或四片绝缘子串中有两片不合格时，均须立即停止测量。

接触网带电检修无论是采取等电位作业还是间接带电作业，作业人员和接地体之间都依靠绝缘工具的固定绝缘和空气的绝缘间隙来实现绝缘。因此，如何正确地选择带电检修的安全距离和绝缘工具的有效长度，是关系到带电检修能否保证安全的关键问题。所谓安全距离是指在进行带电作业时，等电位作业人员与接地体之间，以及间接带电作业时，处于低电位的作业人员和带电体之间所允许保持的最小距离，它是关系到人身和设备安全的重要条件。安全距离应按带电体和接地体间的直线空气间隙来计算。

四、接触网检修作业的特点

接触网检修作业具有以下三个特点。

（一）高空——防摔

接触网作业几乎都是在高空进行的，在作业时需要攀登十几米高的支柱，登上 5m 以上的车梯或在检修车上作业，踩在高出地面 6m 左右的接触悬挂上。在这样的高空上进行作业，若不小心就会发生危险。因此高空作业一定要系好安全带。

（二）高压——防触电

城市轨道交通接触网的电压高达 1500V，比民用电压高很多倍。尽管在许多情况下进行的都是停电作业，但如果发生误操作，对平行线路上产生的高压感应电未采取有效的防护措施，以及与作业点附近的带电体不能保证足够的绝缘距离等情况下，都会给作业人员造成生命危险。因此，停电作业时的地线挂设是安全的重要保证。

（三）高速——防车辆伤害

在运输繁忙的线路上，接触网检修工作要正常进行，也要注意可能开来的高速运行的列车。另外，接触网工作人员出工、收工都要乘坐轨道车、汽车等交通工具，这些都体现了接触网工作的"高速"特点。因此，行车防护人员一定要认真负责，随时通报列车运行情况。

尽管接触网作业有此"三高"特点，其工作危险性很大，但对训练有素的接触网工并不可怕，只要认真执行安全作业程序，接触网工的安全是完全有保障的。

【复习与思考】

练习：
1. 接触网的主要形式有哪些？
2. 牵引网由哪些部分组成？
3. 接触网的工作特点是什么？
4. 接触网的供电方式有哪些？
5. 柔性接触网由哪几部分组成？
6. 接触悬挂有哪些类型？各包括哪几部分？
7. 定位装置的作用是什么？
8. 补偿装置的作用是什么？
9. 什么是中心锚接？
10. 线岔的作用是什么？
11. 电连接有什么作用？
12. 分段绝缘器有什么作用？
13. 什么是刚性悬挂？
14. 架空刚性悬挂由哪几部分组成？
15. 架空刚性悬挂和架空柔性悬挂相比，各有什么特点？
16. 第三轨接触网的特点是什么？
17. 按与受流靴的接触摩擦方式，接触轨可分为哪几种？
18. 接触网有哪些运行管理规程和制度？
19. 接触网的小修和大修各包括哪些项目？
20. 接触网有哪几种检修作业方式？

想一想：
1. 接触网和电力传输线有哪些区别？对接触网有怎样的特殊要求？接触网有哪些类型？
2. 架空柔性接触网由哪些部分组成？各组成部分的作用是什么？
3. 第三接触轨由哪些部件组成？有什么特点？在线路交叉的地方，第三轨怎样保证供电的连续性？
4. 为什么验明接触网确实无电后，还要挂设接地线呢？
5. 接触网小修和大修检修的内容是什么？
6. 接触网检修的作业流程是怎样的？

项目六　电力监控系统

【知识目标】

1. 认识电力监控系统的概念和功能；
2. 掌握电力监控系统的结构组成及作用；
3. 了解电力监控系统的通信方式及数据交换方式；
4. 掌握通信网各个传输介质的特征和应用。

【能力目标】

1. 能复述电力监控系统的功能；
2. 能分析电力监控系统的结构及作用；
3. 能分析电力监控系统的通信方式和数据交换原理；
4. 能理解不同传输介质的特点。

【问题导入】

城市轨道交通供电网络中存在不同等级的电压，网络架构复杂，每一个供电环节的正常运行是保障城轨交通运营安全的前提。此时，需要建立一个能对供电系统主要设备进行监视、测量、调整、管理以及与其他系统联网以实现数据共享的电力监控系统。那么，什么是电力监控系统？它需要什么样的功能和特点？主要由哪些部分构成？这些都是本章的学习内容。

任务一　电力监控系统概述

电力监控系统的作用是保证调度人员在控制中心对供电系统中的主变电所、牵引供电系统及供配电系统的供电设备运行状态进行监视、控制及数据采集，直观了解所有运行设备的工作状况，使供电系统安全、可靠、经济地运行。

一、SCADA 系统的概念

电力监控系统又称电力 SCADA 系统或者远动系统，简称 SCADA（Supervisory Control and Data acquisition，数据采集与监视控制）系统。

SCADA 系统是以微型机为主构成、以完成"四遥"功能为目标的监视控制和数据采集系统。

二、SCADA 系统的功能

SCADA 系统的"四遥"功能分别指的是遥控、遥调、遥测和遥信功能。

（一）遥控（YK，Remote-control，或者 Tele-control）

遥控是指调度中心向城市轨道交通沿线各被控变电所中的开关电气设备发送"合闸""分闸"指令，实行远距离控制操作。遥控操作执行严格的权限管理，执行遥控必须是有操作权限或经过授权的工作人员。

为了避免误操作，在同一时刻，对同一控制对象只允许有一个遥控操作进行，同时所有的遥控操作都必须保存到系统日志中。

遥控可分为单控、程控，并可根据用户要求自定义被控制设备及其操作顺序，上述控制方式可以根据电力调度员的要求设置手动确认功能。在同一时间，当多个工作站对同一设备进行遥控操作时，根据用户的权限确定遥控的优先级。

遥控对象主要有各类断路器、隔离开关、负荷开关等开关设备。

（二）遥调（YT，Tele-adjusting）

遥调是指监控主站通过命令直接对被控站某些牵引供电设备的工作参数进行远距离调整，如调整变压器的原边电压等。

（三）遥测（YC，Tele-metering）

遥测是指调度中心对城市轨道交通沿线各变电所中的工作状态参数远距离的测量。其主要功能如下：

1. 采集变电所各种电气量功能

采集包括测量对象的三相电压、线电压、电流、零序电压、零序电流、直流电压、直流电流、杂散电流、牵变谐波、有功功率、无功功率、功率因数、变压器温度等。

2. 完成各种数据格式的转换

可将二进制数格式、BCD 码格式、浮点数格式等各种格式的模拟量统一转换为实时数据库支持的数据格式。

3. 计算功能

实时数据库可为每个遥测量配置工程值换算系数和偏移量，从而完成实际工程值的计算。一些无法直接从子站采集的数据，可在实时数据库中编辑公式计算。

4. 统计功能

每个遥测量都可进行 1 分钟、15 分钟、1 小时、4 小时、日最大值、日最小值、日平均值、日最小值出现时间、日最大值出现时间的统计。

电度量的统计可以分别按照峰、谷、平时段进行统计。电度量包括各车站进线、牵引变压器、配电变压器的电度量。日电量在零点清零。可以进行电度表归零、换表的电度量统计处理。

遥测信号采用周期方式进行采集，最小采集周期为 1 秒。

（四）遥信（YX，Tele-signal）

遥信是指调度中心对城市轨道交通沿线各变电所中被控对象（如开关电器等）的工作状态信号进行监视，包括位置遥信和保护遥信。

位置遥信包括各种断路器、隔离开关、接触器等设备的合、分状态，开关手车的工作、试验位置状态，温度检测设备的过限与否等。

保护遥信包括各类保护动作、重合闸动作的启动、出口、失败等，分为事故遥信和预告遥信。事故遥信指使设备停电、停运的事故信号，预告遥信指设备有问题但可以维持运行的故障信号。

三、电力监控系统的控制功能

电力监控系统采用三级监控方式，即控制中心远程监控，站内监控集中控制，设备本体控制。三种控制方式互相闭锁，以达到安全控制的目的。正常时由控制中心实施监控功能，此时站内监控计算机将闭锁控制功能，在紧急情况必须等到控制中心将控制权下放，此时控制中心失去控制权限，由站内监控计算机实现控制功能，控制中心和车站之间控制权的转换由双方确认后完成。通过上述方法实现远方和所内控制操作的互锁。正常运行时采用远程控制，当设备检修时，采用车站级控制或设备本体控制。

任务二　电力监控系统的结构

一、SCADA 系统的构成

SCADA 系统由控制中心的监控主站（调度端）、设置在变电所内的变电所综合自动化子系统（被控站或执行端，又称 RTU）和信息通道三部分组成。监控主站和被控站以信息通道为桥梁有机配合，共同实现对牵引供电设备遥控、遥信、遥测、遥调等功能。

二、控制中心监控主站

（一）调度端功能

中央监控系统，即电力调度中心主站系统，简称电力调度中心。调度端不仅能收集 RTU 的数据，还要能进行大量的数据处理，具体功能可分类如下：

1. 数据收集与报警

收集 RTU 发送过来的数据，实现对供电系统设备运行的实时监控和故障报警。

供电系统一切非正常状态均可产生报警信息，报警信息包括：模拟量越限、数字量的状态改变、被监控设备非正常运行状态、监控系统自身以及后备电源的故障。报警方式包含声音报警、文字报警、打印报警、推画面报警、灯光报警等几种方式，可单独使用，也可组合使用。报警方式可在电力调度工作站实现，也可在其他工作站实现，并可根据工作站的职责范围有选择性地报警。

2. 数据处理

控制中心接收由变电所综合自动化系统传送上来的数据信息，经过各种算术及逻辑处理后，将数据存储到系统的实时数据库和历史数据库中，可以事件日志的形式供查询调阅，可以按时间、地点、设备、报警等级、自定义字符串等进行查询。

数据处理主要内容如下：

（1）各种开关操作信息、故障信息。

（2）遥测量超限监视，当电流、电压量超过极限值时，发出超限报警。

（3）当日负荷峰谷的最大值与最小值、最高电压与电流、最低电压与电流出现时间的统计。

（4）电流、电压、电度量等曲线的显示，可以根据不同的时间要求进行时间分割显示，以便观察电流、电压、电度量在不同时间的变化情况。

（5）开闭所进线谐波检测，感性无功和容性无功测量。

（6）双重越限检验，对每个点均可设置上限、上上限、下限、下下限限值，超过限值时产生越限报警。

3. 控制与调节

遥控操作断路器、系统故障查找、开关事故变位、事故画面优先显示、事故顺序记录、事故追忆。遥控种类分选点式、选站式、选线式控制三种。

4. 人机联系——显示、制表、打印

实现汉化的屏幕画面显示、模拟盘显示或其他方式显示，以及运行和故障记录信息的打印；实现电能统计等的日报、月报制表打印；以人机界面实现系统维护功能。

（二）调度端设备组成

1. 局域网络设备

交换机端口的数量需要根据工程实际情况选择，并预留一定数量端口。交换机应尽量选择标准配置。

选择端口类型时，需要考虑系统与通信网络的接口距离，如果双方接口距离较大（超过100m），应该选择光接口，避免增加单独的光电转换装置。

2. 系统服务器

控制中心设冗余高端服务器作为全线信息中心，可将全线各车站和车辆段的必要信息汇集到实时数据库中，支持各工作站的监管功能，支持全线 SCADA 功能。

服务器的数量可以根据工程投资条件及可靠性要求选择单台或双台，如果采用双台服务器，则双台服务器形成双机热备用。两台服务器内存储的数据进行定时校对，以保证系统数据的一致性。

根据工程对历史数据的存储要求及工程投资条件，控制中心可以由系统服务器兼作历史服务器，也可以配置专用的历史服务器，用于历史数据存储。

3. 维护工作站、调度员工作站等

控制中心应配置维护工作站，负责全线计算机设备的组态、维护管理，支持系统维护工程师功能。设调度员工作站，实现电力调度员操作功能。视用户要求及工程投资条件可设模拟培训工作站、网管工作站等，以实现员工的模拟培训，并对全线网络进行管理，做到性能管理、配置管理和故障管理。

另外，如果与其他系统存在数据接口，宜设接口工作站，并采取软件或硬件网络隔离措施，保证本系统的安全。

4. 打印机

按照电力调度及系统维护的需求，控制中心至少需要配置两台打印机。

打印机可以配置为网络打印机或者普通打印机。网络打印机可以直接与网络内各工作站连接，普通打印机需要通过某台工作站实现打印机共享。

（三）中央监控系统机房与调度大厅设备安装及布置原则

1. 系统机房设备安装及布置原则

系统机房的土建、环境要求应该执行计算机房的设计要求，设防静电地板。

系统设备在机房内的安装方式主要有两种，一种为组屏式安装，另一种为桌面摆放安装。对于服务器、磁盘阵列等很少有人操作的设备，宜选用组屏式安装；对于工作站等需要经常操作的设备，宜选用桌面摆放安装。

系统屏柜与工作台应该分区域摆放，有条件时两者之间增设玻璃隔断。

打印机如果为立式设备，可以直接摆放在地板上，如果为台式设备，需要在工作台上留出摆放位置。

2. 调度大厅设备安装及布置原则

系统在调度大厅内需要摆放调度员工作站、打印机、大屏幕等设备。调度员工作站采用桌面摆放方式安装。

大屏幕设备包括显示装置、电源装置、处理装置等多个部分。显示装置质量较大，应该设有专用的安装基础，电源装置、处理装置均为屏柜式安装，视其质量可以直接摆放在地板上或者设置安装基础。调度大厅内打印机摆放原则同系统机房内摆放原则。

三、变电所综合自动化系统

被控站主要负责对牵引供电系统的数据采集和操作命令的执行，一般装设于轨道交通沿线牵引变电所、分区亭或开闭所内。

变电所综合自动化系统为分层、分散式结构，各子控制单元均可接入变电所网络。变电所综合自动化系统由变电所综合控制屏内的主控单元和对应于开关柜内子监控单元及实时通信网络连接构成。变电所内每台主要供电设备对应于一个子监控单元，监控装置用于设备的控制、保护、监视和测量。变电所内的继电保护装置动作和运行不受通信网络和变电所主监控单元运行情况的制约。

（一）RTU 功能

1. 远动控制输出。
2. 现场数据采集（包括数字量、模拟量、脉冲量等）。
3. 远动数据传输。
4. 可脱离主站独立运行。

（二）RTU 设备组成

1. 综合控制屏

综合控制屏具有事故音响、预告音响和其他信号显示功能，综合控制屏由主控单元和液晶显示屏组成。

2. 子监控单元

子监控单元为变电所综合自动化的基础设备，直接与电气设备的控制回路、测量回路和保护回路相连。

3. 摄像头、监视器

摄像头为彩色，光学镜头倍数不小于 12 倍，具有较高的分辨率和较好的可靠性、稳定性。监视器应适应变电所环境要求，具有抗过电压、抗电磁干扰等功能。

4. 综合自动化维护设备

综合自动化维护系统应设有必要的维修维护设备，以便于综合自动化系统软件、硬件的维护。

5. 通信网络

子监控装置通过实时通信网络同变电所综合控制盘内主监控单元相连。主监控单元通过通信网络从现场设备的子监控单元获取信息。

任务三　数据通信

在调度端和被控站之间的数据传输和信息交换，是通过数据通信网络来实现的。电力监控中的数据通信网主要是传输和交换调度人员的操作命令及遥测、遥信等信息。因此，要求数据通信具有较强的实时性、可靠性、可用性和可维护性，这是一般系统所使用的数据通信网不能比拟的。高可靠性的数据通信网是城市轨道交通电力监控系统的中枢神经，它的故障将导致整个监控系统陷于瘫痪。

一、数据通信方式

数据信息的传输按每次传送的位的不同分为并行传输及串行传输两种方式。

（一）并行传输

并行传输指的是数据以成组的方式在多条并行信道上同时进行传输。如图 6-1 所示。这类传输方式传输速度快，但是并行传输必须有多条并行信道，成本比较高，不易远距离传输。

（二）串行传输

串行数据传输时，数据是一位一位地在通信线上传输的，如图 6-2 所示。串行传输的传输线少，降低成本，适用于远距离通信，但传输速度慢。

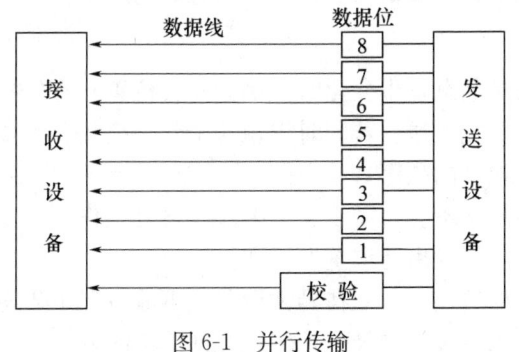

图 6-1　并行传输　　　　图 6-2　串行传输

串行传输按信息传输方向和时间可分为单工通信、半双工通信和全双工通信三种方式,如图6-3所示。

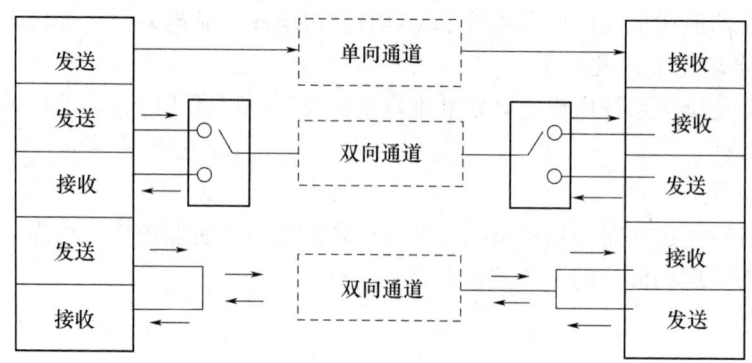

图6-3 单工、半双工、全双工通信

(1) 单工通信:仅能在一个方向传输信息,不能反向传输。

(2) 半双工通信:信息可以双向传输,但不能同时传输,在任一通信时刻,只能向一个方向传输。

(3) 全双工通信:通信双方可同时进行双向传输信息,两个传输方向完全独立。

二、数据交换方式

(一) 循环工作方式

循环工作方式指的是被控站的遥测量和遥信量以预先确定的固定不变的循环周而复始地传输。这一传输与被控站的过程中的状态变化无关。这种传输方式不需调度端干预。传输信息时只需使用单工信道。由于是循环发送,因此当传输出错时,不需重发,可以用下一循环中的数据来补救。当调度端到被控站不需传输命令信息时,监控系统采用循环式工作方式有利。

循环工作方式的传输延时与一个循环中发送的监控信息有关,传送的数量越多,传送的延时就越长。于是,可能出现状态变化的监视信息只有当传输循环重新返回到相关的信息位置时才会被传输,这意味着传输延时最大可达一个全循环时间,调度端可能不能及时捕捉到遥信变化。此外,这种传输模式不论情况如何,即使用户数据毫无变化,也照样循环不停地向调度端发送数据,因此,在正常情况下,信道的有效利用率不高。

(二) 自发工作方式

自发工作方式只有在被控端要传输的监控信息发生变化时(例如开关位置状态发生变化,测量的变化超过给定范围等)才向调度端发送。若同时出现几个状态变化,则传输的先后次序按固定的优先权确定(如报文地址的顺序)。

采用这一工作方式传输时,受到干扰的报文不会自动重发。因此,自发工作方式要求一个双工信道,以便调度端收到干扰报文后能发出请求重发报文。

自发工作方式减轻了正常运行情况下的信道负担,但在异常情况或事故情况下传送的工作量将大量增加,为避免信道拥挤,可采用按优先级分批传送等办法来缓解。

(三) 询问工作方式

循环工作方式和自发传输工作方式都是以被控站作为主动方来传送信息的，与此相反，询问工作方式是以调度端为主动方发送信息。由调度端向被控站发出命令报文，被控站按调度端请求发送有关信息。这种工作方式通常是以问答方式进行通信，故也称问答式。

询问工作方式要双工通信，因此需要双工信道。询问工作方式通常由调度端逐一轮询各被控站，若调度端有下行命令下发，则下发下行命令，若无下行命令下发，则下发查询命令，如此循环不息。循环一周需要一定时间，如果某被控站有事件发生，但由于传送信息的主动权在调度端，当调度端未查询到该站时，该被控站的信息一时就难以立即上送调度端。为了使调度端及时掌握各被控站是否有事件发生，应采取辅助措施。例如，在被控站给调度端回答信息中附加标志，表明是否有紧急情况要发送。

(四) 混合工作方式

混合工作方式可以有多种，如循环/自发工作方式。混合工作方式结合了循环及自发工作方式的原理，在点对点信息交换中被控站以循环工作方式传输测量，以自发方式传送遥信变位信息。当被控站被监控信息无变化时，测量报文将按一个固定的顺序循环地传输。

三、传输介质

计算机网络中通常采用的传输介质分为有线和无线传输介质两种。有线介质主要有双绞线、同轴电缆和光纤，无线介质有无线电、微波、卫星、红外线等形式。

(一) 有线传输介质

有线传输介质是指在两个通信设备之间实现的物理连接部分，它能将信号从一方传输到另一方。

1. 双绞线

双绞线是由一对相互绝缘的金属导线绞合而成。把两根绝缘的铜导线按一定密度互相绞在一起，每一根导线在传输中辐射出来的电波会被另一根线上发出的电波抵消，有效降低信号干扰的程度。

按照有无屏蔽层，双绞线可以分为屏蔽双绞线和非屏蔽双绞线两种，分别如图 6-4 和图 6-5 所示。

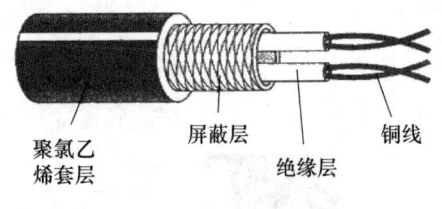

图 6-4 屏蔽双绞线

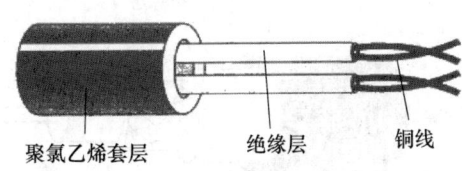

图 6-5 非屏蔽双绞线

屏蔽双绞线最大的特点在于外层的绝缘胶皮与封装在其中的双绞线之间有一层金属

材料。这样的结构能减小辐射，防止信息被窃听，也可阻止外部电磁干扰的进入，同时屏蔽双绞线比同类的非屏蔽双绞线具有更高的传输速率。但其价格相对较高，技术要求也比非屏蔽双绞线高。

非屏蔽双绞线无任何屏蔽层，是一种数据传输线，由四对不同颜色的传输线组成，广泛用于以太网路和电话线中。非屏蔽双绞线电缆具有以下优点：(1) 无屏蔽外套，直径小，节省所占用的空间，成本低；(2) 质量轻，易弯曲，易安装；(3) 将串扰减至最小或加以消除；(4) 具有阻燃性；(5) 具有独立性和灵活性，适用于结构化综合布线。因此，在综合布线系统中，非屏蔽双绞线得到广泛应用。

目前 EIA/TIA（美国电子工业协会/美国电信工业协会）为双绞线电缆定义了七种不同质量的型号，分别是一类线、二类线、三类线、四类线、五类线、超五类线和六类线。其中五类线电缆增加了绕线密度，外套一种高质量的绝缘材料，传输率为100MHz，用于语音传输和最高传输速率为 10Mbit/s 的数据传输，主要用于 100BASE-T 和 10BASE-T 网络，这是最常用的以太网电缆。

2. 同轴电缆

同轴电缆由内外两种导体构成，内导体是一根铜质导线或多股铜线，外导体是圆柱形铜箔或用细铜丝编织的圆柱形网，内外导体之间用绝缘物充填，最外层是保护性塑料外壳，如图 6-6 所示。

通常将同轴电缆分成两类：基带同轴电缆和宽带同轴电缆。基带同轴电缆仅用于数字传输，阻抗为 50Ω，数据传输速率最高可达 10Mbit/s。基带同轴电缆被广泛用于局域网中。为保持同轴电缆的正确电气特性，电缆必须接地，同时两头要有端接器来削弱信号的反射。宽带同轴电缆可用于模拟信号和数字信号传输，阻抗为 75Ω，主要用于有线电视系统 CATV 通信。基带同轴电缆的最大距离限制在几千米；宽带电缆的最大距离可以达几十千米。

同轴电缆的优点是可以在相对长的无中继器的线路上支持高带宽通信，而其缺点也是显而易见的：一是体积大，细缆的直径就有 3/8in (1in=2.54cm) 粗，要占用电缆管道的大量空间；二是不能承受缠结、压力和严重的弯曲，这些都会损坏电缆结构，阻止信号的传输；最后就是成本高。而所有这些缺点正是双绞线能克服的，因此在现在的局域网环境中，同轴电缆基本已被基于双绞线的以太网物理层规范所取代。

3. 光纤

光纤，是光导纤维的简写，是一种利用光在玻璃或塑料制成的纤维中的全反射原理而达成的光传导工具，如图 6-7 所示。

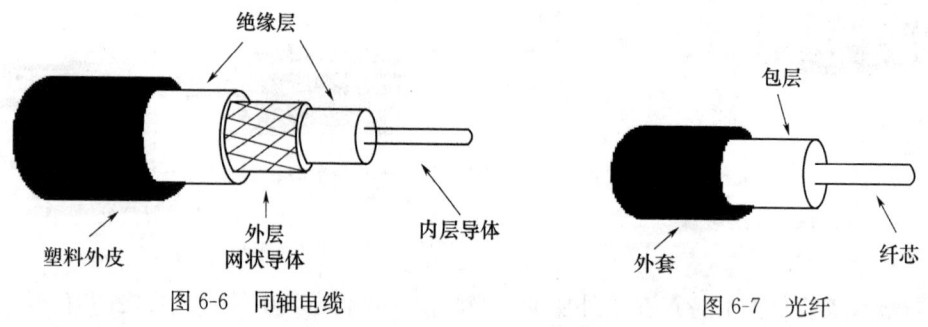

图 6-6　同轴电缆　　　　　　　图 6-7　光纤

在光纤通信过程中,应用了光学原理。在发送端,先将电信号转化成光信号,采用发光二极管或半导体激光器作为光源,它们在电脉冲的作用下产生光脉冲,并将光信号导入光纤。而另一端利用光电二极管作为光检测器,接收到传来的光信号后,会将其还原为电信号,并经解码后传给计算机等设备进行处理。这样通过传输光信号来间接地完成数字信号的传输。

光纤可分单模光纤和多模光纤两种。单模光纤指一束光信号在光纤内平行向前传送,它具有质量轻、容量大、传输速度快、传输距离远等优点,但由于采用激光二极管作为光源,其成本较高。多模光纤采用发光二极管 LED 作为光源,它可以使用多束光信号交叉进行传输,其成本较低,但速度慢、传输距离近。

光纤具有频带宽、损耗低、质量轻、数据传输率高、抗干扰能力强、工作可靠、传输距离远等优点,且由于制作光纤的材料(石英)来源十分丰富,随着技术的进步,成本会进一步降低,显然,今后光纤传输将占绝对优势。

(二)无线传输

可以在自由空间利用电磁波发送和接收信号进行通信就是无线传输。地球上的大气层为大部分无线传输提供了物理通道,就是常说的无线传输介质。无线传输所使用的频段很广,人们现在已经利用了好几个波段进行通信。紫外线和更高的波段目前还不能用于通信。无线通信的方法有无线电波、微波、卫星和红外线等。

无线电波是指在自由空间(包括空气和真空)传播的射频频段的电磁波。无线电技术的原理在于,导体中电流强弱的改变会产生无线电波。利用这一现象,通过调制可将信息加载于无线电波之上。当电波通过空间传播到达收信端,电波引起的电磁场变化又会在导体中产生电流。通过解调将信息从电流变化中提取出来,就达到了信息传递的目的。

微波是一种定向传播的电波,收发双方的天线必须相对应才能收发信息,即发送端的天线要对准接收端,接收端的天线要对准发送端。

卫星通信系统实际上也是一种微波通信,它以卫星作为中继站转发微波信号,在多个地面站之间进行通信,卫星通信的主要目的是实现对地面的"无缝隙"覆盖。

红外线传输是一种点对点的传输方式,制造工艺简单,传输距离有限,一般只限于室内通信,不能穿透坚实的物体。

常用传输介质比较可见表 6-1。

表 6-1 常用传输介质

传输介质	传输方式	速率/工作频	传输距离	性能	价格	应用
双绞线	宽带 基带	≤1Gb/s	模拟:10km 数字:500m	较好	低	模拟/数字信号传输
50Ω同轴电缆	基带	10Mb/s	<3km	较好	较低	基带数字信号
75Ω同轴电缆	宽带	≤450MHz	100km	较好	较低	模拟电视、数据及音频
光纤	基带	40Gb/s	20km 以上	很好	较高	远距离高速数据传输
微波	宽带	4~6GHz	几百千米	好	中等	远程通信
卫星	宽带	1~10GHz	18000km	很好	高	远程通信

【复习与思考】

练习:

1. 什么是 SCADA 系统?
2. 电力监控系统有哪些构成部分? 试简要说明。
3. 调度端主要需实现哪些功能?
4. 数据通信方式主要有哪些? 区别是什么?
5. 数据通信的传输介质有哪些种类? 试简要说明。

想一想:

1. 电力监控系统由哪些部分组成? 分别有什么作用?
2. 通信网络的传输介质有哪些? 各有什么特征?

项目七 城轨供电系统的安全管理制度

【知识目标】

1. 了解供变电所的安全管理制度；
2. 了解接触网安全作业管理制度；
3. 了解远动系统安全管理制度；
4. 了解工务和电务人员安全管理制度。

【能力目标】

1. 能熟记供电系统的各项安全管理制度；
2. 能够照章操作。

【问题导入】

城市轨道交通作为城市的一种重要交通运输方式，一旦发生事故，不仅会引起轨道交通沿线的交通瘫痪，而且会影响整个城市的正常运转。而供电系统是城市轨道交通系统的动力源泉，安全更是其头等大事。供电系统的可靠、经济运行，应以安全为基础。高度重视供电系统运行期间一切生产活动的安全性，已成为运行人员的行为准则。那么，供电系统的工作人员到底要遵守哪些安全管理规定呢？

任务一 概 述

安全是地铁运营工作的生命线，电务工作必须严格执行国家有关安全生产方面的法规，严格遵守运营分公司有关安全方面的规章制度，坚持"安全第一、预防为主"的生产方针，把安全工作放在重中之重，落到实处。

一、电气工作人员应具备的要求

（1）精神正常，无妨碍工作的病症。

（2）按照职务与工作的性质，学习安全规则全部或部分内容，并经考试合格。

（3）从事运行、检修、试验等电工，须经有关部门培训、考试合格，并取得电工执照。

（4）电气工作人员因故间断电气工作连续六个月以上者，必须经考试确认其合格，方可恢复工作。

（5）学会紧急救护法，首先学会触电解救法和人工呼吸法。

（6）刚开始从事电气工作的人员，必须经过必要的安全知识教育后，方可下现场随同工作，三个月试用后，进行安全考试，合格后方可正式上岗。

（7）任何工作人员发现有违反安全规则，并足以危及人身和设备安全的，应立即制止。对违反安全规则的命令不得执行。

（8）因违反安全规则而受处分的人员必须重新学习安全规则，考试合格后方可恢复工作。

二、安全生产制度和作业纪律

针对全线的设备，机电工作人员在生产作业过程中必须认真执行"三不动""三不离""三不放过""三预想""三懂三会"和"三级检查制度"等安全措施，以及城市轨道交通运营部门的有关安全规章制度。

（1）"三不动"

未联系登记好不动；

对设备性能、状态不清楚不动；

未经授权的人员对正在使用中的设备不动。

（2）"三不离"

检查完不复查、试验好不离；

发现故障不排除不离；

发现异状、异味、异声不查明原因不离。

（3）"三不放过"

事故原因分析不清不放过；

没有防范措施不放过；

事故责任者和其他人员没有受到教育不放过。

（4）"三预想"

工作前，预想联系、登记、检修设备、预防措施是否妥当；

工作中，预想有无漏检、漏修和只检不修造成妨害的可能；

工作后，预想是否检修都彻底，复查试验、加封加锁、消点手续是否完备。

（5）了解事故要"三清"

时间清、地点清、原因清。

（6）"三懂三会"

懂设备结构，会使用；

懂设备性能，会维修；

懂设备原理，会排除故障。

（7）三级施工安全措施包括：施工前的准备措施，施工中的单项作业措施，施工后的检查试验措施，预防人为故障措施和发生故障时的应急措施。

凡进行危险性较大、影响行车和人身安全的工作时，应事先制定技术安全措施，由专人进行负责。

日常维护工作中，要遵守作业纪律、保密制度及地铁运营分公司的有关安全规章制度。

任务二 供变电所安全管理

牵引变电所是城市轨道交通供电系统的心脏。它将工业电网中送来的110kV三相交流电变为1500V的直流电，经过馈电线送至接触网及其导线上，再经过受流设备进入城轨电动车组，作为驱动城轨电动车组牵引电动机的电源。它如同人的心脏一样，既变电，又供电。一旦牵引变电所发生故障，相邻两个供电臂的接触网立即停电，从而影响终端若干个区间和车站的行车工作，并将影响全线的运输秩序。

为保证牵引变电所不间断地向接触网供电，有关人员除必须严格执行《牵引变电所安全工作规程》（简称《安规》）和《牵引变电所运行检修规程》（简称《检规》）之外，还必须严格遵守下列各项安全管理制度，确保牵引变电所运行安全，确保运输畅通。

一、值班制度

虽然城轨供电系统实现无人值班后，大部分设备具备"四遥"功能，但考虑经济的原因，还有一部分设备，如大部分低压开关、部分站场隔离开关，还需就地操作和定期巡视。根据我国国情，目前变电所还需安全保卫，因此，无人值班的管理模式之一是有人值守，无人值班。

（1）牵引变电所值班人员应接受电力调度的统一指挥，保证安全、可靠、不间断地供电。

（2）每班应不少于2人同时值班，并在各自的职责范围内进行工作。

（3）值班人员当班时应做到：

1）"五熟""三能"。

①"五熟"：

a. 熟悉本所主接线和二次接线的原理及其布置和走向；

b. 熟悉本所电气设备型号、规格、工作原理、构造、性能、用途、检修标准、巡视项目、停运条件和装设位置；

c. 熟悉本所（区段）继电保护和自动、远动装置及仪表等的基本原理和装设位置；

d. 熟悉本岗位的各种规章、制度及标准化作业程序；

e. 熟悉本所（区段）正常和应急的运行方式、操作原则、操作卡片和事故处理原则。

②"三能"

a. 能分析、判断正常和异常的运行情况；

b. 能及时发现并排除故障、缺陷；

c. 能掌握一般的维护、检修技能。

2）正确执行电力调度命令，按规定进行倒闸、办理工作票并采取安全措施，参加有关的验收工作。

3）按规定及时、正确地填写各种运行记录和报表。

4）按规定巡视设备。当发现设备有缺陷、出现异常现象，或发生事故时，应尽力妥善地处理,并按信息反馈渠道及时报告有关部门。

5) 严格执行有关规章、制度、细则、命令及指示。

6) 管好仪表、工具、安全用具、备品、钥匙及图纸等资料。

7) 保持所内清洁卫生,做好文明生产。

8) 不擅离职守,不做与当班无关的事。不擅自互相替班、换班,特殊情况应经所长批准方可变更。

(4) 接班前、值班中均应禁止饮酒。接班前应充分休息,以保证精力充沛地值班。

(5) 控制室应保持安静。非当班人员及检修人员未经许可不准进入控制室、高压室和设备区。其他人员入所须按有关规定办理手续。

二、交、接班制度

(1) 交、接班必须按照规定的时间严肃、认真地进行。接班人员未到,交班人员不得离岗,超过规定时间仍未到时,应报告所长或上级领导,直至做出安排。

(2) 交、接班前,交班的值班负责人应组织交班人员进行本班工作小结;将交、接班事项填入运行日志中。交班人员应提前一小时做室内、外卫生及交班准备工作。

(3) 交、接班时应避免倒闸操作和办理工作票。如遇有重要或紧急倒闸操作以及处理事故等特殊情况,不得进行交、接班或暂停交、接班,只有倒闸完毕或处理事故告一段落时,经电力调度和接班负责人同意后方可进行或恢复交、接班。在交、接班当中发生事故或设备出现异常时,虽暂停交、接班,但接班人员应主动协助处理。

(4) 交、接班内容由交班负责人介绍,并由交、接班人员按下述内容共同巡视检查。

1) 设备在交班时的运行方式,前一班的倒闸情况。

2) 前一班发生的事故和所发现的设备异常以及处理情况。

3) 断路器跳闸情况,继电保护及自动、远动装置的运行及动作情况、数目,以及尚未恢复的熔断器等。

4) 设备变更和检修情况,尚未结束工作票的检修设备,尚未拆除的接地线的地点、数目,以及尚未恢复的熔断器等。

5) 各种记录是否齐全,所记内容是否符合实际情况及有关规定。

6) 仪表、工具、安全用具、备品、钥匙及图纸、资料等是否齐全、完好。

7) 已提报的计划检修项目。

8) 设备整洁、环境卫生、通信设备等方面的情况。

(5) 交、接班双方一致认为交、接无问题后,方可办理交接手续。即由接班负责人签字并宣告交、接班工作结束,然后转由接班人员开始执行值班任务。

(6) 接班后,新接班的值班负责人应向电力调度报告交、接班情况,并根据设备运行、检修以及气候变化等情况,向本班人员提出运行中的注意事项和事故预想等。

三、巡视制度

(1) 值班人员应按有关项目和要求结合本所的设备运行情况,按规定的巡视路线进行巡视。

(2) 巡视应按以下要求进行：

1) 交接班巡视：每日交接时进行。

2) 全面巡视：交接班和每班中间巡视。

3) 熄灯巡视：结合全面巡视时进行。

4) 特殊巡视：在遇有异常气候时（雨、雾、狂风暴雨、雷雨、冰雹），新安装及大修后的主变电所断路器跳闸后，设备异常时应加强巡视。

(3) 巡视内容

1) 交接班巡视、全面巡视：全部设备的全部项目。

2) 熄灯巡视：各种设备的绝缘件和电器连接部有无放电或发热。

3) 特殊巡视：异常气候时有无绝缘破损、裂纹和放电；重点设备的电气连接、油色、音响和气味。

(4) 巡视应做到

1) 单独巡视可由值班员进行，但严禁进入设备带电区域。

2) 巡视人员进行巡视时不得从事其他工作。

3) 各种巡视均应通知值班员或电调，巡视后由巡视人员在运行日志上记录，发现缺陷时要及时处理，并由值班员填写缺陷记录，应对缺陷进行检查并复查处理的情况是否正常。

四、缺陷管理制度

设备缺陷管理制度要求全面掌握设备的运行状态，以便及时发现设备缺陷，认真分析产生的原因，并尽快消除。掌握设备的运行规律，保证设备处于良好的技术状态，努力做到防患于未然，是确保设备安全运行的重要环节；也是科学安排设备检修、校验和试验工作的重要依据。

按对供电安全构成的威胁程度，缺陷分为严重缺陷和一般缺陷。严重缺陷指对人身和设备有严重威胁，若不及时处理有可能造成事故的缺陷。一般缺陷指对运行虽有影响，但尚能安全运行的缺陷。有关人员发现缺陷后，无论消除与否都应由运行值班人员在运行日志和缺陷记录簿中做好记录，并向有关领导汇报。对于严重缺陷，应及时组织人员进行消除或采取必要的措施，防止其造成事故。对于一般缺陷，可列入设备检修计划进行检修处理。

五、运行分析制度

定期地进行运行分析是提高供电质量、保证安全运行的重要技术组织措施。运行分析应包括下述内容。

（一）岗位分析

岗位分析包括检查分析工作票、作业命令记录、倒闸操作记录及各项制度执行情况；统计倒闸操作正确率、办理工作票正确率、违章率；对发生违章的班组和个人找出原因并提出改进措施。此项分析一般每月或至少每季进行一次。

（二）计量分析

计量分析包括分析负荷情况；统计负荷率、最大小时功率、平均小时功率；统计受电量、供电量、自用电量、主变压器损耗、功率因数,并分析判断电能电量与实际负荷是否相符;核算主变压器是否经济运行,以决定单台或多台并联运行等。一般每日抄表后进行一次日分析,每周或至少每半月进行一次阶段分析。

(三) 检修分析

检修分析包括分析检修计划完成情况,对未完成或延长检修期限的原因做出说明;统计每台(屏)设备定期检修消耗的材料和工时;统计每月维护检修所消耗的材料费用。

(四) 设备运行分析

设备运行分析指对电气设备、继电保护、自动装置、远动装置和仪表等的运行情况、事故、故障、缺陷、异常等进行的分析。具体做法是根据有关记录对投入运行以来以及当时出现的现象、有关的操作、处理的措施、恢复的情况进行统计、分析(评价),从中总结经验教训,以便有针对性地加强检修或进行技术改造。变电所进行的专项设备运行分析一般有下列几种:

(1) 变压器运行分析,内容包括变压器每月的最高及最低油(绕组、铁芯)温、最大和最小温升、过负荷情况、投运时间、投切次数、承受穿越性短路电流次数等。

(2) 断路器运行分析,内容包括累计跳闸次数、每次跳闸时的短路电流、电压值、气压变化情况,以及断路器本身拒动、误动次数及原因等。

(3) 电容补偿装置运行分析,内容包括投切次数、投运时间、投运效果等。

(4) 继电保护、自动装置、远动装置运行分析,内容包括撤出运行的次数、时间和原因;动作的次数和原因;拒动、误动的次数及原因;核算动作正确率等。

六、设备鉴定制度

设备完好是变电所安全运行的重要前提。在运行中除应做好日常维护当时的现状,以及在运行、检修中发现的缺陷的处理工作外,还应结合本周期的预防性试验结果进行综合分析后,对设备质量进行一次等级评定。本年度新建或大修的设备还可结合竣工验收时对质量评定的结果来评定。除已封存的或已列入年度大修计划但尚未检修的设备可不做鉴定外,其他所有设备(包括已安装的或替修用的备用设备)均应进行鉴定,一并统计。

设备鉴定是供电部门全面质量管理的重要组成部分,它采取边鉴定边整治的原则。通过鉴定可全面掌握设备质量,为拟订下一年度的设备检修计划和技术组织措施提供可靠的依据。

设备鉴定后的质量等级分为优良、合格、不合格三级。

(1) 优良设备,要求技术状况全面良好,即预防性试验项目全部合格,可测量的技术数据均在标准范围之内,全部项目达到中修的质量标准,外观整洁,技术资料(铭牌,技术履历簿,历年试验报告,每年大、中、小修记录以及鉴定记录,历年事故、故障、缺陷和异常的记录)齐全。对于继电保护及自动、远动装置等二次设备还应有与现场设备相符的图纸。

(2) 合格设备，要求预防性试验项目全部合格，主要技术数据在标准范围之内，主要项目达到中修的质量标准，次要项目达到小修的质量标准。

(3) 不合格设备，是指预防性试验项目或主要技术数据有一项不合格，或者预防性试验超过规定周期10%仍未试验者，或其他项目有一项不符合小修质量标准者。

优良设备与合格设备统称为完好设备。

电气设备鉴定结果应填入"设备鉴定质量统计表"。鉴定时发现的设备缺陷应填入"设备缺陷记录分析表"，并进行汇总分析，提出整修、改善措施。对鉴定中发现的缺陷已在鉴定期间处理者，可按整修后的质量评定。

任务三　接触网作业安全

所有的接触网设备，自第一次受电开始即认定为带电设备。接触网作业具有"三高"的特点，其工作危险性很大。所以，接触网上的一切作业，均必须认真按《接触网安全工作规程》的规定严格执行，确保人身和设备的安全。

一、接触网工作人员安全等级及职责

从事接触网作业的有关人员，除了符合作业所要求的身体条件，熟悉触电急救方法之外，还必须实行安全等级制度，即每年要进行一次安全等级考试，经过考试评定安全等级。只有在取得安全合格证之后，方准参加与所取得的安全等级相适应的接触网运行和检修工作，见表7-1。

表7-1　接触网工作人员安全等级

等级	允许担当的工作	必须具备的条件
一级	地面简单的作业（如推扶车梯、拉绳、整修基础帽等）	1. 新工人经过教育和学习，初步了解城市轨道交通安全作业的基础知识。 2. 了解接触网地面作业的规定和要求
二级	1. 各种地面上的作业。 2. 不拆卸零件的高空作业（如清扫绝缘子、支柱涂漆、涂号码牌、验电、装设接地线等）	1. 参加接触网运行和检修工作3个月以上。 2. 掌握接触网高空作业一般安全知识和技能。 3. 掌握接触网停电作业接地线的规定和要求，熟悉作业区防护信号的显示方法
三级	1. 各种高空和停电作业。 2. 间接带电作业。 3. 隔离（负荷）开关倒闸作业。 4. 防护人员的工作。 5. 进行巡视工作。 6. 要令人及倒闸作业、停电作业、验电接地监护人	1. 参加接触网运行和检修工作1年以上；具有技工学校或相当于技工学校及以上学历（供电专业）的人员可以适当缩短。 2. 熟悉接触网停电和间接带电作业的有关规定。 3. 具有接触网高空作业的技能，能正确使用检修接触网用的工具、材料和零部件。 4. 具有列车运行的基本知识，熟悉作业区防护的规定及信号、联锁、闭塞知识。 5. 能进行触电急救

续表

等级	允许担当的工作	必须具备的条件
四级	1. 各种停电和间接带电作业的工作票签发人、工作领导人及监护人。 2. 间接带电作业的要令人、操作人。 3. 工长	1. 担当三级工作1年以上。 2. 熟悉本规程。 3. 能领导作业组进行停电和间接带电作业
五级	1. 车间主任、供电调度员。 2. 技术科长（主任）、副科长（副主任）、接触网技术人员。 3. 段长、副段长、总工程师、副总工程师	1. 担当四级工作1年以上。对技术人员及正副段长，具有中等专业学校（或相当于中等专业学校）及以上的学历（供电专业）的可不受此限。 2. 熟悉本规程、接触网运行检修规程，以及接触网主要的检修工艺。 3. 能领导作业组进行停电和间接带电作业

属于下列情况的人员，还应在上岗前进行安全等级考试：

（1）开始参加接触网工作的人员。

（2）开始参加接触网间接带电工作的人员。

（3）接触网供电方式改变时的检修工作人员。

（4）接触网停电检修方式改变时的检修工作人员。

（5）安全等级变更，仍从事接触网运行和检修工作的人员。

（6）中断工作连续6个月以上仍继续担任接触网运行和检修工作的人员。

当接到接触网工作任务后，工作票签发人在安排工作时，应确保：

（1）所安排的作业项目是必要和可能的。

（2）所采取的安全措施是正确和完备的。

（3）所配备的工作领导人和作业组成员的人数和条件符合规定。

工作领导人在安排工作时，要做好下列事项：

1）确认作业内容、地点、时间、作业组成员等均符合工作票提出的要求；

2）确认作业采取的安全措施正确而完备；

3）时刻在场监督作业组成员的作业安全；

4）检查落实工具、材料准备，与安全员（安全监护人）共同检查作业组成员着装、工具、劳保用品齐全合格。

作业组成员要服从工作领导人的指挥、调动，遵章守纪。对不安全和有疑问的命令，要及时果断地提出，坚持安全作业。

二、工具的管理、使用安全

各种受力工具和绝缘工具应有相应的使用管理办法，由专人负责进行编号、登记、整理，并监督按规定进行定期试验和正确使用。禁止使用试验不合格或超过试验周期的工具。

绝缘工具应按下列要求进行试验：

（1）新购、制作（或大修）后，在第一次投入使用前应在组装状态下进行机械强度试验。机械强度试验合格后进行电气强度试验。应保证绝缘工具材质的电气强度不得小于3kV/cm，间接带电作业的绝缘杆等其有效长度大于1000mm。

(2) 使用中的绝缘工具要定期进行试验。

(3) 绝缘工具的机、电性能发生损伤或对其怀疑时，进行相应的试验。

绝缘工具每次使用前，须认真检查有无损坏，并用清洁干燥的抹布擦拭有效绝缘部分后，再用2500V兆欧表分段测量（电极宽2cm，极间距2cm）有效绝缘部分的绝缘电阻，不得低于100MΩ，或测量整个有效绝缘部分的绝缘电阻不低于10000MΩ。

绝缘工具要放在专用的工具室内；室内要保持清洁、干燥、通风良好。对绝缘工具要有防潮措施。

绝缘工具在运输和使用中要经常保持清洁干燥，切勿损伤。使用管材制作的绝缘工具，其管口要密封。

三、高空作业

凡在距离地面3m以上的处所进行的作业均称为高空作业。

高空作业必须设有专人监护，且监护人的安全等级不低于四级。停电作业时，每个监护人的监护范围不超过2个跨距，在同一组软（硬）横跨上作业时不超过4条股道，在相邻线路同时作业时，要分别派监护人各自监护；当停电成批清扫绝缘子时，可视具体情况设置监护人员。监护人员的安全等级不低于三级。

高空作业使用的小型工具、材料应放置在工具材料袋内。作业中应使用专门的用具传递工具、零部件和材料，不得抛掷传递。

高空作业人员作业时必须将安全带系在安全可靠的地方。进行高空作业时，人员不宜位于线索受力方向的反侧，并采取防止线索滑脱的措施。在曲线区段进行接触网悬挂的调整工作时，要有防止线索滑跑的后备保护措施。

冰、雪、霜、雨等天气条件下，接触网作业用的车梯、梯子以及检修车应有防滑措施。

（一）攀杆作业

攀登支柱前要检查支柱状态，观察支柱上有无其他设备，选好攀登方向和条件。

攀登支柱时要手把牢靠，脚踏稳准，尽量避开设备并与带电设备保持规定的安全距离。用脚扣和踏板攀登时，要卡牢和系紧，严防滑落。

（二）登梯作业

接触网作业用的车梯和梯子必须结实、轻便、稳固，按规定进行试验。在有轨道电路的区段上，车梯的车轮必须采取可靠的绝缘措施。

用车梯进行作业时，应指定车梯负责人，工作台上的人员不得超过两名。所有的零件、工具等均不得放置在工作台的台面上。

作业中推动车梯应服从工作台上人员的指挥。当车梯工作台面上有人时，推动车梯的速度不得超过5km/h，并不得发生冲击和急剧启、停。工作台上人员和车梯负责人要呼唤应答，配合妥当。

工作领导人和推车梯人员，要时刻注意和保持车梯的稳定状态。当车梯在曲线上或遇大风时，对车梯要采取防止倾倒的措施；当车梯在大坡道上时，要采取防止滑移的措施；当车梯放在道床、路肩上或作业人员超出工作台范围作业时，作业人员要将安全带系在接触网上，不得系在车梯工作台框架上；车梯在地面上推动时，工作台上不得有人停留。

为避让列车需将车梯暂时移至建筑限界以外时，要采取防止车梯倾倒的措施。当作业结束，车梯需要就地存放时，须稳固在建筑限界以外不影响瞭望信号的地方。

当用梯子作业时，作业人员要先检查梯子是否牢靠；要有专人扶梯，梯脚要放稳固，严防滑移；梯子上只准有1人作业。

（三）检修作业车作业

160km/h及以上区段应采用检修作业车作业。接触网检修作业车出车前，驾驶员应认真检查车辆和行车安全装备，确保状态良好，并与作业人员检查通信工具，确保联络畅通。

作业平台不得超载。工作领导人必须确认地线接好后，方可允许作业人员登上检修作业车作业平台。作业时须关好作业平台的防护门。

作业平台上有人作业时，检修作业车移动的速度不得超过10km/h，且不得急剧启、停车。

检修作业车移动或作业平台升降、转向时，严禁人员上、下。人员上、下作业平台应征得作业平台操作人或监护人同意。所有人员禁止从未封锁线路侧上、下作业车辆。

为防止检修作业车作业平台侵入未封锁线路的限界，作业平台严禁向未封锁的线路侧旋转。

作业人员在作业平台防护栅外作业时，必须将安全带系在牢固可靠的部位。

作业平台上的作业人员在车辆移动中应注意防止接触网设备碰刮伤人。

驾驶员和学习驾驶员须精力集中，密切配合，在移动车辆前应注意检修作业车及作业平台周围的环境、设备、人员和机具等情况，与附近的设备保持规定的安全距离，以保证人员、设备安全。

作业人员与驾驶员之间的信息传递应及时、准确、清楚、呼唤应答。作业中检修作业车的移动应听从作业平台上操作人员的指挥。

当邻线有以160km/h及以上速度运行列车通过时，作业人员应提前停止作业，并在作业平台远离邻线侧避让，列车通过后方可继续进行作业。

四、倒闸操作

接触网作业人员进行隔离开关、负荷开关倒闸时，必须有供电调度的命令；对车站、机务段或路外厂矿等单位有权操作的隔离开关，在向供电调度申请倒闸命令之前，要令人须向该站、段、厂、矿等单位主管负责人办理倒闸手续。

从事隔离开关倒闸作业人员按要求每年进行考试，其安全等级不得低于三级。对车站、机务段或路外厂矿等单位有权操作隔离开关的人员应经供电段培训、考试合格，发给合格证后方可担任此项工作。

在申请倒闸命令时，先由安全等级不低于三级的要令人向供电调度提出申请，供电调度员审查后，发布倒闸命令；要令人受令复诵，供电调度员确认无误后，方可给命令编号和批准时间；每次倒闸作业，发令人要将命令内容等记入"倒闸操作命令记录"中，受令人要填写"隔离开关倒闸命令票"。

倒闸人员接到倒闸命令后，必须先确认开关位置和开合状态无误后，再迅速进行倒闸。倒闸时操作人必须戴好安全帽和绝缘手套，穿绝缘靴，操作准确迅速，一次开闭到位，中途不得停留和发生冲击。

倒闸作业完成后，确认开关开合状态无误后，操作人向要令人通报倒闸结束，由要令人向供电调度员申请消除倒闸作业命令。供电调度员要及时发布完成时间和编号并记入"倒闸操作命令记录"中，要令人填写"隔离开关倒闸完成报告单"，至此倒闸作业方告结束。

遇有危及人身和设备安全的紧急情况，可以不经供电调度批准，先行断开断路器或有条件断开的负荷开关、隔离开关，并立即报告供电调度，但再闭合时必须有供电调度员的命令。

严禁带负荷进行隔离开关倒闸作业。

要加强对带接地闸刀隔离开关使用管理的检查，其主闸刀应经常处于闭合状态，因工作需要断开时，当工作完毕后须及时闭合。主闸刀和接地闸刀分别操作的隔离开关，其断开、闭合必须按下列顺序进行：

(1) 闭合时要先断开接地闸刀，后闭合主闸刀。
(2) 断开时要先断开主闸刀，后闭合接地闸刀。

任务四 远动系统安全管理

一、设备的日常维护与巡视制度

按照规定的时间、周期和项目，对全线 SCADA 设备进行检查并记录。进行 SCADA 维护作业按下列规定执行：

(1) 凡有计划对设备进行拆卸、更换、移位、测试等工作，需中断设备使用时，应填写"施工要点申请计划表"报生产调度，施工前应按调度命令，在"设备检查登记表"中登记，经车站值班人员同意并签认后，方可作业。但作业前应告知 SCADA 值班人员。

(2) 临时对 SCADA 设备进行拆卸、更换、移位、测试等工作；必须在"设备检查登记表"中登记，经车站值班人员同意并签认后，方可作业。但作业前应告知 SCADA 值班人员。若作业影响到相关专业设备，必须取得相关专业人员认可后，在相关专业人员的监护下方可作业。

(3) 不松动电气节点，不拆断电气连线，不更换零配件和不分离机械设备的一般性检查，可不登记，但应加强与车站值班人员和 SCADA 值班人员的联系。

(4) 检修作业的联系、清点和登记，应按下列要求执行：

1) 联系、清点前，必须核对准确检修作业地点、需要检修的设备、检修内容及对其他设备的影响范围。

2) 联系、清点和登记工作，由 SCADA 检修人员负责办理。

3) 登记的时间、地点和作业性质、设备编号和影响范围等内容，一经车站值班员同意签认后,任何人不得涂改。

4) 登记清点的维修作业,一般应在给定的时间内完成,遇有特殊情况需延长时间时,必须重新办理登记手续。

二、设备故障处理制度

(1) 为迅速进行事故障碍的处理,同时便于 SCADA 设备故障的管理及考核,要建立完善的故障受理制度。

(2) SCADA 检修人员应从生产调度处受理 SCADA 故障,故障受理要按要求填写故障受理表格。

(3) SCADA 设备发生故障,有关维修人员应及时准确地做出判断(判明故障位置、故障原因等),积极组织修复,把故障时间及影响控制在最小范围内。若无法维修,应及时上报。

(4) 故障处理时限为在接到故障报告时的当班内应赶到现场,如果是仅需在线维修的设备,维修应在当班内完成,当班完成不了的,应报维修中心生产调度,并做好现场保护措施和下一步的维修计划;对必须离线维修的设备,在设备离线前,做好设备更换,经复查、检验以及运行恢复正常后,才离开现场,离线设备的维修应有计划和维修期限。

(5) SCADA 维修人员在故障处理完毕后,应对维修现场进行清理,恢复到原来状态,并及时消点。

(6) SCADA 维修人员应及时填写"故障处理台账",记录故障情况及处理时间、结果,归档备查,对一时无法处理的故障要及时上报。

(7) 严格执行事后检查制度,由 SCADA 班组对维修情况作核查,确保维修质量。

(8) 故障处理时,不能影响接口专业的运作,涉及接口的维修,应先与其他专业协调,在其他专业监护下进行。

(9) 故障处理要按故障处理程序进行,处理要做到"三清",即时间清、原因清、地点清。部门对 SCADA 维护班组按月考核"三清率"。

任务五 工务、电务维修作业安全

电务工作人员必须严格按照相关规程进行相关操作。安排维修作业时,应有必要的安全方面的预防预想,落实安全防范组织措施,严格遵守有关安全技术作业规定,专业工程师应加强监督。

(1) 作业审批制度:维修作业应根据相关规定办理审批手续。

(2) 作业监护制度:对作业条件复杂,作业人员的安全可能发生危险时,应指定监护人。监护人监护时不得兼任其他工作。

(3) 作业结束制度:作业完成,由工作负责人进行质量检查,质量合格后,方可恢复设备正常使用,并向上级报告。

(4) 标准化作业制度:为了提高工作质量,保证设备及人身安全,对低压电气维修等主要工作应制定相应的作业标准化,并应严格执行。

(5) 作业检查制度:为了监督各项安全制度的贯彻执行,要对设备、安全器具和作业安全定期检查和不定期抽查。

(6) 调度工作制度:电力设备维修、施工、事故抢修必须在设备维修调度的统一指挥协调下进行,以保证人身和设备的安全。

一、电气作业安全规定

发现有人触电,并未脱离电源时,可以不经批准,立即切断电源,进行抢救,但事后应及时向上级汇报。

在进行电气工作之前,必须进行验电。线路停电作业需变电所停电时,作业负责人应与变电所值班人员联系好,作业负责人只有得到许可后,才能开始作业。敷设临时电线时,必须使用橡皮软线,如使用其他材质的电线时,敷设高度应大于2.5m或沿桥架敷设。

存在大量蒸汽、气体、粉尘的工作场所,要使用密闭式的电气设备;有爆炸危险气体或粉尘的工作场所,要使用防爆性的电气设备。行灯的电压不能超过36V,在金属容器及潮湿场所电压不能超过12V。行灯用变压器必须采用双线圈变压器,不允许用自耦变压器。

电气设备的金属外壳,均须可靠接地。电焊工作和金属台同大地相离时,都要进行保护性接地。所有手持、移动电气设备,在使用前应采取保护性接地或接零的措施以及漏电保护。电气设备和线路的绝缘应良好。裸露的带电导体应该安装在摸不到的地方,否则应设置安全遮拦和明显的警告标志。

电线和电源相接的时候,应装设合适的开关,不许随便搭挂,露天的开关应装在特定的配电箱内。电动设备和电气照明设备拆除后,不能留有可能的带电的电线。如果必须保留,应该将电源切断,同时对线头进行包扎处理。

电气工作人员在工作时应穿好劳动防护,并检查防护用品、工具、仪器等是否完好。在带电设备附近工作时,禁止使用金属卷尺测量。在配电房内搬运长物时,应由两人放倒搬运,并与带电部分保持足够的安全距离。使用梯子时要两人以上,一人负责监护,其他人进行操作。梯子不准垫高使用,梯子与地面之间的夹角以60°为宜。严禁工作人员在工作中移动或拆除临时遮拦、警告牌、挡板等。

停电维护、检修环控电控室开关柜所控设备及电路时,应将相应开关柜抽出在锁定位置,用挂锁将操作手柄锁定,并悬挂上"禁止合闸,有人工作"的标志牌。低压回路检修时,应断开电源,取下熔断器,挂上"禁止合闸,有人工作"的标志牌;如果必需带电作业时,应做好安全措施。检修环控电控室进线柜下桩母排的设备时,应停止该段母排供电,在该段母排段正确挂接保护地线,并悬挂上"禁止合闸,有人工作"的标志牌。

在隧道中作业,应穿荧光服,作业区域两侧放置红闪灯。作业前,作业负责人应向有关部门请点;工作结束后,作业负责人应向有关部门销点。

作业结束后,工作人员应清扫、整理恢复现场。作业负责人应进行周密检查,确认无影响行车和设备安全因素后方可离开。

二、通信、架空线路作业安全

接触网中流过的大电流会产生一个强大的磁场。当强大的电磁场耦合感应到通信架空电线路时,就产生感应纵向电动势。架空通信电线路与接触网距离越近、与导线平行的距离越长,产生感应纵向电动势就越大。这种感应纵向电动势轻则使通信设备产生串杂音,重则危害作业人员的安全。所以,为了确保安全,电务人员在轨道交通线路附近的架空线路上进行的一切作业,都要像在高压电线路上作业一样对待。

(一)维修地下通信电缆时的安全规定

切割地下埋设的电缆外皮或打开电缆套管之前,要将电缆外皮两端连通并临时接地,坑内要铺设干燥的橡皮绝缘垫或是作业人员穿着高压绝缘靴,务必保证坑内工作人员对地有良好的绝缘,保证安全。

电缆芯线发生故障,需在区段上进行工作时,要把区段两端的接线盒上故障芯线的U形插头拔掉,同时挂上警告牌。在警告牌上写明"正在作业,不要接入"字样,防止其他人员误接,危及维修作业人员安全。

(二)维修架空通信线路时的安全规定

在城市轨道交通线路附近的架空通信线路的所有电杆上,要像高压线路一样装设"危险"警告牌。登杆作业前,应检查安全带、脚爬等是否有问题,工具是否带齐,电杆根部和拉杆是否完好等。登杆作业用的安全带,应系在电杆或牢固的构架上。使用的工具、材料应用绳索或工具袋传递,禁止抛扔,以免砸伤杆下作业人员。

上杆维修架空通信线路时,要先把导线接地,地线可用拉线或挂设临时地线。导线与地线间的连线,应使用不小于 $25mm^2$ 的铜绞线制成,以确保人身安全。

架空通信线路需上杆维修时,要先把电缆芯线与架空通信缆线连接处断开。

架空通信线路上导线的接地,要先将连线的一端用线夹接于地线上,然后将另一端用绝缘工具连接至架空通信导线上,并确保接触良好。工作完毕,按相反的步骤拆除连线。

修理断线时,要把断线区段两端的导线都接地后才能进行工作。断线两端都接地的目的是防止导线上的意外突然来电伤人。

(三)长途通信机械室内维修作业安全规定

引入长途机械室的电缆要装有绝缘套管,以使引进长途机械室的电缆外皮与电缆线路部分的外皮隔离。

长途机械室的引入架、电缆箱、电缆盒要对地绝缘,其他通信机架均应接地。维修上述设备前,必须确认其绝缘或接地良好。

凡与电缆线路导线直接连接的插塞要有绝缘把手。室内配线与外线连接要用耐压1000V 以上的绝缘线。与线路导线连接的继电器和绝缘变压器等设备要装设外罩。检查上述设备时,要与外线断开,并穿着绝缘胶鞋和站在橡皮绝缘垫上工作。

(四)维修信号设备时的安全规定

(1)检查继电器箱(架)和控制台时,要确认其接地良好,并穿着绝缘胶鞋和站在绝缘垫上进行工作。

(2）检查轨道电路时，当轨道绝缘变压器与抗流变压器连接的低压线圈断开之前禁止切断其高压线圈回路。

(3）更换双轨条轨道电路中的抗流变压器及其牵引连接线时，应接妥纵横向连接线后，方可从钢轨上切断抗流变压器。

(4）整修电缆时，要先确认电缆外皮接地良好之后，方可开始工作。

(5）更换绝缘节时，在双轨条轨道电路中，禁止断开接向轨道抗流变压器连接线中任何一侧或两个抗流变压器中间点的连接；在单轨条轨道道路中，禁止断开相邻两轨道电路的牵引连接线以及平行轨道的牵引轨条之间的连接线。

（五）高柱信号机设置与维修的特殊要求

根据《电气安全规则》规定，电气化铁路高柱信号机机构及梯子的外缘应与接触网带电部分保持2m以上距离的要求时，应设置安全防护网及有关接地装置，才能保证电务人员维修作业的安全。

据调查，有的车站设置的高柱出站信号机离相邻股道上接触网导线不足2m，因静电和电磁感应，致使信号机的梯子、机构带电。据测定，信号机上人体对地感应电压高达450V。电务人员在信号机上作业时经常被感应电势击打。因此，电务人员维修高柱信号机时要注意安全防护，以免触电。

电力设备维修的安全规定：

(1）需要攀登接触网支柱进行电力检修时，要由经过专门训练的人员进行作业。

(2）在检修电力高低压线路时，要将线路两端断开电源，并在工作区域两端予以封线接地。

(3）新架或更换架空线路的导线时，要每隔1km将导线实行封线接地。

(4）在隧道内悬挂的电缆上工作时，其两端必须装设良好的接地线。

三、工务人员作业安全

安全生产实行逐级负责制，机电中心主任是机电安全生产第一责任人，工长是工班安全生产第一责任人。工班长在机电中心主任领导下和专业工程师的指导下，全面负责工班的日常生产、安全等各项管理工作，严格执行运营分公司、机电和自动化中心下发的各项规章、制度，确保行车、设备和人身的安全。根据设备维修计划组织开展日常设备维修工作；根据设修调度的指令，组织开展事故抢修工作；做好工班员工考勤等劳动管理工作；督促工班兼职安全员、兼职经济核算统计员、兼职资料管理员各自做好安全、经济核算、统计、资料管理工作；做好员工思想政治工作；对员工当中发生的违章违纪行为进行制止；对工班员工的工作提出初步考评意见。

（一）接触网下作业规定

工务人员在带电的接触网下进行线路、桥隧施工和维修作业时，除严格遵守《电气化铁路有关人员电气安全规则》外，还应注意以下人身安全：

(1）搬运长大杆件（如脚手架用的杆、板等）时，应平放在车上运送或由两人抬运，严禁在搬运中竖立或高举，以防长大杆件触电，危及搬运人员的安全。

测量用的花杆、塔尺应距离带电体2m以上，塔尺第三节最好拆掉，以免使用时不慎碰触带电体。

(2) 尽量避免人体与接触网支柱及其附近的金属结构接触，防止这些设备的绝缘装置损坏时可能出现的高压短路电流伤人。回流线与钢轨的连接点上也可能出现高电压，当接地线损坏时，会出现很强的短路电流，所以禁止与之接触。

(3) 在距离接触网支柱及带电部分 5m 以内的钢管脚手架、钢梁栏杆等金属结构上，均需装设接地线。木杆脚手架上绑扎的铁丝金属物，应把余头去掉，以防止尖端放电。距带电部分不足 5m 的施工机具（如卷扬机、搅拌机等）也应装设接地线。

(4) 接触网断电线接地瞬间，接地点周围（直径 8~10m）出现跨步电压时，应单足或并足跳离危险区，防止跨步电压伤人。发现接触网上挂有线头、绳索等物件时，因线头、绳索带有高压电，严禁使用非绝缘物件与之接触，防止触电，并立即通知接触网工区处理。

(5) 区间装卸路料时应遵守区间装卸作业安全的规定。运送机具、树料的车辆通过城市轨道时，应遵守道口安全规定。

(二) 起道、拨道作业规定

工务人员在起道、拨道作业过程中应遵守如下规定：

(1) 由于接触网导线与轨面必须保持一定的距离，保证导线的高度符合《技规》的要求，保证电力机车受电弓与导线的正常相互作用，起道的高度特别是曲线调整超高或单股起道的高度必须限制在一定的范围之内。《铁道工务规则》规定，在城市轨道上进行起道作业，起高线路单股不得超过 30mm；隧道、行架桥内不超过限界尺寸线。

(2) 为保证城市轨道交通直线线路中心与接触网导线的垂直投影相吻合，防止电力机车受电弓与导线的接触点落在受电弓工作宽度以外，拨道或线路自然横向变化时，应在不侵入建筑接近限界的条件下，线路中心位移范围不得超过 30mm。确需超出标准时，应提前通知接触网工区，必要时，工务与供电部门协同施工，拨道与调整接触网导线同时进行。

在车站内拨道时，还应注意不使信号机、电动道岔的转辙机侵入限界，不因拨道而损坏扼流变压器和轨道电路等。

(3) 为保持接触网导线高度和隧道边墙或接触网支柱内侧至线路中心的距离，供电和工务部门应共同根据线路及接触网设计的轨面高度，在隧道边墙上或接触网支柱内侧画一红横线。红横线上面标明轨面至接触网导线的高度，红横线下面标明隧道边墙或支柱内侧至线路中心的距离，作为线路和接触网维修共同遵守的标准。供电和工务部门每年应按照红横线标准会同复测一次。如因改建、大修需将路基或接触网支柱起高或下落，以及线路和接触网支柱横向位移时，施工前供电和工务部门应会同相关部门并按路局批准的施工文件测量复核，竣工后复检并重新测定。

(三) 应事先通知供电部门采取安全措施后才能进行的工务作业

遇下列工务作业必须事先通知供电部门采取安全措施后方可进行：

(1) 更换带有回流线的钢轨时。

(2) 更换牵引变电所岔线或通往岔线路的钢轨及其主要连接零部件（如夹板、辙叉等）时。

(3) 在有接触网的线路上,于同一地点,同时更换两股钢轨上的夹板时。

(4) 更换整组道岔时。

更换完毕经供电人员配合检查,符合供电要求后,方准撤除安全措施。

(四) 更换钢轨或夹板时的安全管理规定

更换钢轨或夹板要遵守下列规定:

(1) 禁止在同一地点将左右两股钢轨同时拆下。因为在电力牵引的正线上,牵引电流是通过钢轨流回变电所的,同时拆下两股钢轨,等于切断牵引电流的回路。

(2) 换轨前要在被换钢轨两端的左右轨节各安设一条横向连接线,使流回牵引变电所的电流能够顺利通过。连接线应用截面积不小于 70mm² 的铜线做成,用夹子接近于轨底。该连接线应在换轨完毕后方可拆除。

(3) 在更换带有轨端绝缘的钢轨之前,除必须用横向连接线将被换钢轨相邻轨条与相对轨条连接以外,还要用连接线将轨道抗流变压器中间点与被换钢轨相对的钢轨连妥,并断开抗流变压器上的连接线后,方准更换。

(4) 当线路维修拉开钢轨调准轨缝时,要在拉开的轨缝间预先装设临时连接线。临时连接线的长度应使钢轨接头间可能拉开 200mm。

(5) 在通往牵引变电所岔线的城市轨道交通线路上更换钢轨或夹板时,或应更换钢轨需拆开回流线时,在未设可靠的分路电流线前,不得将钢轨、夹板和回流线拆开,以免影响牵引电流流回牵引变电所的通路。拆装回流线必须由牵引变电所的工作人员进行,更换钢轨或夹板也必须由上述人员在场监护。

(五) 养路需要暂时拆除接地线时的安全管理规定

若养路机械在使用中有可能撞坏接地线或者养路工作需要暂时拆开接地线时,施工领导人需事先向电力调度员报告,并取得其同意后,可暂时拆除接地线,并在其作业结束后将其装好。

拆除接地线时应尽量使用临时接地线,以代替该接地线的工作。临时接地线的截面面积不得小于 25mm² 的铜当量截面。拆装接地线的工作要由接触网工或经专门训练的工务人员担任。

(六) 在距离接触网带电部分不足 2m 的建筑物上作业的安全管理规定

在距离接触网带电部分不足 2m 的建筑物上作业,如维修隧道拱部、安装和拆除明峒施工的拱架等,接触网必须停电。因此,施工领导人应向电力调度员提出接触网停电申请书,注明施工地点、施工起止时间及特点。

施工领导人只有在接到电力调度员准许接触网停电的命令,确认接触网已经停电并已挂好临时接地线之后,方可开始施工。

施工完毕,应确认所有的工作人员都已转到安全地点后,方拆除接地线,并通知电力调度员。在拆除临时接地线之后,禁止再进行上述作业。

(七) 利用列车运行间隔时间施工时的安全防护规定

利用列车运行间隔时间进行养路机械化施工,运送施工用的砂、石等材料时,可利用每 1km 设置的区间电话与车站进行联系。由区间电话引出的施工防护电话,需有接地或避雷装置。引出地电话线应采用绝缘性能较好的话筒线,应埋在电话线或屏蔽线处；若使用皮线，应埋在地面下，不要高出地面。

施工工地与火车站都必须设置电话防护。驻站电话员应加强和车站值班员联系，切实掌握列车运行情况，并将列车闭塞、从车站出发或经过时，准确地通知工地电话员。工地电话员立即以规定信号报告施工领导人。施工领导人应于列车到达前5~8min将一切机具搬出线路界限以外。

施工机械上道后，驻站电话员和本地电话员必须不间断地进行联系。如因一方电话发生故障等原因而中断联系时，工地电话员应立即报告施工领导人停止作业，将机具完全撤离在建筑接近限界以外，待双方通话后再施工。

驻站电话员、工地电话员和施工领导人三者之间必须保持密切联系。驻站电话员和工地电话员双方应做好通话记录。工地电话员与施工领导人之间的信号联系必须及时准确，并按《技规》规定设置防护信号牌和作业标。

四、修程分类及基本要求

（一）日常保养

日常保养为对所操作的设备和工作场所在生产作业期间进行的简单的保养和维护工作，以保证相关设备和环境完好、整洁。日常保养的执行主体视情况区别对待。

日常保养的内容包括：检查设备外观是否良好，基础是否稳固，螺栓是否紧固，箱体、加锁装置是否完好；检查设备各部（零）件是否完整，设备铭牌标志是否清楚；检查设备外部连接杆、件、管线是否完好，动作是否灵活，有无跑、冒、滴、漏现象；检查设备运行是否正常、平稳，有无噪声，温升是否正常；检查设备运行指示仪表是否正常，运行参数是否超标，发现异常应及时调校、排除；检查工作站或系统主机、系统软件、网络运行情况。

对设备外表面进行清洁，并保证设备周围环境良好。做好设备操作和巡检记录工作。

（二）二级保养

二级保养是较为复杂的专业设备保养。二级保养的执行主体是专业维修人员。

二级保养内容不仅包含日常保养的全部内容，还附带具有简单的专业性设备维护工作，根据不同设备具有不同的保养内容。二级保养应定期进行，一般在非行车时间或其他生产空闲时间进行，不得影响行车和设备正常运行。

二级保养还包含下列内容：

（1）检查、理顺引出（引入）线、接线端子，测试送、受电端电压、电流，进行绝缘检查、测试，填写测试记录。

（2）检查、测试接地电阻及避雷装置，填写测试记录。

（3）检查、紧固各部螺栓及传动装置，按要求加注润滑油。

（4）检查、校对各仪表及表管接头。

（5）清扫、检查各部零、部件。

（6）对设备基础、箱体进行稳固。

（三）小修

小修是指设备存在部件缺陷或部分功能障碍，需要专业人员进行部件更换或修理的设备维修工作，可能涉及部分设备部件解体维修。设备部分解体检查、修理、调试、更换部分不符合工艺要求的零件，消除故障隐患。

小修的内容包括二级保养的全部内容。小修过程中，可能包含机械电气性能和参数的测试，调整其各项指标符合规范，排除不符合要求的设备隐患。

小修纳入设备年度维修计划中，工班应严格按照专业管理部门批准的月度维修计划进行，因故不能按照计划进行，报分管主任批准。

设备的小修，专业工程师应参加，进行技术指导，确保设备维修质量。

（四）中修

中修是指设备存在重要部件出现较大故障或隐患及重要指标无法实现，需要进行较大解体维修才能恢复的维修工作。

中修的内容应包括日常保养、二级保养、小修的全部内容。中修需对反映设备机械特性、电气特性、安全特性的重要参数进行测试，及时填写测试记录，以便掌握设备性能状态；需对设备进行部分或全部解体检查，主要构件、主要部件进行测试、修复、更换；对修复后的设备进行全面测试，以保证设备的机械特性、电气特性、安全特性符合原设计的技术要求，确保设备功能的实现及延长设备使用期限。

中修纳入设备年度维修计划中，工班应严格按照专业管理部门批准的月度维修计划进行，因故不能按照计划进行，需报分管主任批准。

设备的中修，专业工程师应参加，进行技术指导，确保设备维修质量。

（五）大修

大修是指设备出现严重故障或无法实现应有的大部分重要功能，或者接近使用年限，不解体维修将无法继续运行，需专业技术人员和维修工进行彻底解体修复或更换重要部件的维修工作。

大修包括对设备进行全部解体，更换修理全部有缺陷和损坏的零件。对附属设备进行全面检查或试验，对不符合要求的进行全部或部分更换。

大修后的设备应由相关部门进行竣工验收，验收合格后方可投入使用。

（六）功能性试验

机电设备在运行过程中的机械特性、电气特性、安全特性是全面反映机电性能状态的重要参数，因此，机械特性、电气特性、安全特性的功能性试验是设备维修工作的重要内容。

机电中心应按要求组织功能性试验工作，掌握和分析设备运行状态。在功能性试验过程中，如发现设备性能指标下降等现象，应及时采取预防措施，防止故障发生，确保设备安全、高效运行。

【复习与思考】

练习：

1. 牵引变电所有哪些安全管理制度？
2. 接触网有哪些安全作业管理制度？
3. SCADA远动系统有哪些安全管理制度？
4. 工务和电务人员有哪些安全作业管理制度？

想一想：

1. 如果你是牵引变电所的一名工作人员，在工作过程中你必须遵守哪些安全管理制度？

2. 如果你是城市轨道交通公司的一名接触网检修工，在工作过程中你必须遵守哪些安全作业制度？

3. 如果你是城市轨道交通电力调度中心的一员，在工作过程中你必须遵守哪些安全管理制度？

4. 一名工务或电务维修人员，在维修作业时必须遵守哪些安全管理制度？

参考文献

[1] 张莹，陶艳. 城市轨道交通供电技术［M］. 北京：人民交通出版社，2010.
[2] 宋奇吼，李学武，等. 城市轨道交通供电［M］. 3版. 北京：中国铁道出版社，2012.
[3] 黄德胜，张巍. 地下铁道供电［M］. 北京：中国电力出版社，2010.
[4] 罗杨，李洁，曹强，等. 城市轨道交通供电系统［M］. 成都：西南交通大学出版社，2018.
[5] 回文明. 城市轨道交通供电技术［M］. 山东：中国石油大学出版社，2016.
[6] 张莹. 工厂供配电技术［M］. 北京：电子工业出版社，2006.
[7] 于松伟. 城市轨道交通供电系统设计原理与应用［M］. 成都：西南交通大学出版社，2008.
[8] 文峰. 电气二次接线识图［M］. 北京：中国电力出版社，2000.
[9] 何宗华. 城市轨道交通供电系统运营与维修［M］. 北京：中国建筑工业出版社，2006.
[10] 李宗文，陈兰成. 接触网施工与检修［M］. 北京：中国铁道出版社，1996.
[11] 钱清泉. 微机监控系统原理［M］. 北京：中国铁道出版社，1997.